|西安美术学院建筑环艺系教学成果丛书|

新环境　新意识　新设计

"闯南走北"
建筑与环境人文考察写生集

海继平　王娟　胡月文　屈炳昊　编著

西安美术学院建筑环艺系学术委员会：

组　　长：周维娜
副组长：孙鸣春　刘晨晨
小组成员：李方方　濮苏卫
　　　　　周　靓　李　媛
　　　　　华承军　王　展
　　　　　王　娟　胡文安
　　　　　海继平　梁　锐

中国建筑工业出版社

序

西安美术学院建筑环境艺术系在1986年开设的环境艺术设计专业的基础上，于2001年成为独立系级建制。除原有本科学士学位授予权和硕士学位授予权外，2005年获准为博士学位授予点。2015年，建筑环境艺术系分别成立空间设计、景观设计、风景园林、建筑艺术等四个专业方向。在课程设置上有了更细致的调整和提升，专业方向上能够坚持立足本土文化的传承与保护，以追求当代环境的设计与研究，放眼于探索人类未来发展复杂多变的环境需求为目标，从新环境、新设计、新意识等多个角度和领域进行了探索与研究。

新环境、新设计、新意识不但是本年度两册丛书的主标题，也是未来每年计划推出的系列丛书的方向，更是环境艺术系未来发展的主旨。

从新环境的视角来探讨环境设计学科的发展具有非常重要的意义。在当今这样一个兼容并蓄、开放包容的时代，新环境的特征体现了一种学科专业对和谐社会发展的诉求。就当前多元并存的社会发展方向而言，新环境下最具竞争力的核心是设计文化。

新设计主要体现当下环境设计所触及的多方面的现象和问题，其中既有从当下的社会问题角度深入解决探讨，也有从人类未来发展方向进行切入，还包含对某个具有争议的具体问题进行辩证的思考和研究，同时也有对以往的传统课题进行反思推敲和提升的关注等。无论从哪一个角度进行的设计活动，都将秉承注重以人为本，注重贴近生活，注重文化的传承，注重社会核心价值的理念。

新意识则体现一种价值观、一种信仰和个人的智慧。重塑和紧抓新意识这个关键词，对培养和塑造学生的思想素质、道德修养、价值取向、生活方式等方面将起到积极的作用。

高校作为产学研一体的教学单位，在实践与探究中应该深刻认识到：对传统教育需要进行不断的分析与反思，对新课程改革理念要进行不断的补充与提升。在着重构建专业理论基础与实践体系的同时，强化对课程体系评价的内容、方法与制度等不断更新的意识。

总之，新环境是教育的基础，新设计是创意的重点，新意识是教师队伍导向的关键，学生则是最终成果的保障与体现。确保这四大要素是未来设计教育教学工作的重中之重。从两册丛书中可以看出近年来的建筑环境艺术系试图通过设计教育的思考与教学实践，努力反映当代社会价值与文化价值的缩影，在传承传统文化、培育核心价值等方面所取得的成果。希望在以后的教学创作与科研中，能够进一步形成团结、和谐、进取、向上等良好的发展态势，勇于创新、善于突破与提高，再创佳绩。

西安美术学院院长　郭线庐

2015年

自 序

在多年的教学实践及研究中，我们发现，任何的设计本体都会有各种不同的承载平台，我们会不自觉的使设计语言带有诸如文化、历史、经验、个人偏好等因素，同时相应的产生出不同的元素，这一过程中，其最为重要的环节是设计者本人所接受的设计教育，如果在教育体系中没有人文教育的特色体现，那么在设计成果中也不会有深刻的文化诠释，但是否出现了几个文化视觉元素符号就可以代表或体现出人文艺术特色？经研究，我们认为设计思想的核心之一是对人文教育的深刻理解及生动的运用环节。

以"闯南走北"为主题的"建筑与环境人文考察写生"课程即是在这样的思考背景下设立的。经过近几年的教学改革，将人文考察与教育作为建筑与环境写生课程的核心内容融入其中，也是希望通过教学实践引起学生对社会共同关注的社会、文化与自然等相关问题有所观察与思考，使教学实践与人文教育体验取得双赢成果。

传统文化及古建筑聚落具有质朴的艺术美，是人类在长期劳动中创造出来的文化成果及智慧结晶，具有典型的地域本原文化特色。"建筑与环境人文考察写生"课程内容主旨既表达了写生资源摄取的丰富性与涵盖广度，同时也希望学生通过此门课程能够拓宽视野，感受建筑中传统文化和地域文化特质，从而加深对人居环境设计的深刻理解与认知。以课程带动社会文化体验，以课程了解历史文化脉络，这是我们课程实践融入人文教育的初衷，也是教学研究与教学实践的目的。

课程开展十多年来，我们师生的教学实践足迹已经踏遍了大半个西北地区，近年来随着人文教育理念的深入贯彻，足迹已经扩大至西南、华北及华东地区，形成真正意义上的南北文化体验与交融。每每怀揣着对传统文化的敬仰之情，以陕西为原点，从东到西，由南而北进行着我们的文化探索与人文考察之旅，一路走去，满载而归，收获颇多。

《"闯南走北"建筑与环境人文考察写生集》汇集了建筑环境艺术系该课程教学的近两年教学成果，本书的编辑具有两大特点，第一，注重教学兼工具书的实用特点，是以实践课程为基础的教学成果总结运用，既适宜于设计工作者的实用资料，同时也可作为相关专业在校师生的辅助教材。第二，本书在展现建筑写生和环境设计的同时，更加注重人文精神的体现，以速写为手段，以传统建筑为媒介，在进行速写记录的同时，加强对描写对象整体的文化印象及整体记忆，在课程的教学中感知写生对象的文化内涵与文化精髓，通过速写记录，在书中表达对观察对象的体验、认知与理解，在整理与收集的资料中很好地展示出了传统文化、美学、设计学的专业性规律。

"弘美厚德，借古开今"，这是西安美术学院的校训，从某种意义上说也诠释了人文教育发展的艺术灵魂，弘美需要厚德，借古更需要开今，在当今建筑与环境设计学科新环境、新意识状态下，创新精神的培养与建立，正是我们现今重中之重的任务。专业型人才的培养，必需建立起与之配套的素质教学的教育体系，但又不能雷同于一般的道德品质教育，它必须有独特的、令人信服的"人文触摸点"，而这一"触摸点"正是人文教育体系的关键点。围绕专业论设计，围绕创意论深度，围绕质量论素养，这一教学过程既丰富而又科学。

通过专业教学体系和人文教育体系两重教育的激励，最终会发现，我们期望的理想式的教学成果会不断地趋近于完美，同时也实现了"人格教育"的最为综合而完整的培养目标。

建筑环境艺术系主任　周维娜
2015年

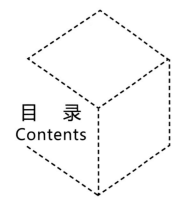

目 录
Contents

序 / 002

自序 / 004

第一部分　建筑与环境写生 / 008

　　一　建筑与环境写生和专业设计的关系 / 013

　　二　关于建筑与环境写生 / 017

　　　　1. 地域差别是不同类型建筑的载体 / 020

　　　　2. 原生地域环境与建筑归属 / 022

　　　　3. 工欲善其事必先利其器 / 025

第二部分　表现与观察 / 028

　　一　表现形式 / 030

　　二　观察方法与表现要点 / 033

　　　　1. 目识 / 034

　　　　2. 心记 / 034

　　　　3. 意测 / 034

　　　　4. 手写 / 035

　　三　建筑文化分类与记录 / 042

　　　　1. 聚落形态的文化记录 / 046

　　　　2. 建筑元素中的文化记录 / 046

　　　　3. 民俗文化的记录 / 051

第三部分　整理与交流 / 056

　　一　文化记忆整理 / 058

　　　　1. 历史建筑的整理 / 058

　　　　2. 聚落文化的整理 / 060

　　　　3. 典型元素及文化符号的整理 / 061

　二　交流的意义 / 068

　　　　1. 文化传播 / 069

　　　　2. 相关专业间的交流 / 069

　　　　3. 碰撞与超越 / 070

第四部分　延展与应用 / 072

　一　手绘表现在创意应用中的灵感发挥 / 079

　　　　1. 计算机代替不了手绘表现 / 079

　　　　2. 建筑速写为手绘表现奠定了良好的基础 / 080

　　　　3. 手绘表现是速写在设计中的延续 / 084

　　　　4. 设计草图是创作灵感表达的重要媒介 / 088

　二　文化积淀在创作设计中的延展 / 093

　　　　1. 文化积淀在创作中的再现 / 093

　　　　2. 创作设计需要深厚的文化积淀 / 097

　　　　3. 文化积淀是专业设计的源泉 / 105

第五部分　写生与应用 / 110

　一　速写部分欣赏 / 112

　二　应用部分欣赏 / 168

后　　记 / 176

第一部分

建筑
与
环境写生

ARCHITECTURAL
AND
ENVIRONMENTAL PAINTING

图 1.1

  建筑与环境写生无疑是惊响于专业设计本身的惊雷，源于其绘画创造的偶然性与无限可能性，是"芝麻开门"的魔法咒语。

  建筑与环境写生以反映建筑环境和写生场地的地域建筑文化为主线，探寻建筑与环境写生和环境艺术专业的互为关系，侧重于地域建筑的文化探索（图1.1～图1.3）。建筑与环境写生是专业设计重要的训练基础内容之一，通过写生培养从业设计者对建筑环境的观察和掌控的表现能力以及对建筑空间、地形地貌形象的记忆能力，从而循序渐进地展开对建筑与环境的思考与创造，"艺术践行·感悟创造"是建筑与环境写生的终级升华，该方式终将在专业设计中，以诠释艺术规律与审美法则融会贯通于建筑艺术设计中。

图1.2

图1.3

图 1.1 写生团队（资料来源：屈炳昊摄）
图 1.2 作业现场汇看（资料来源：屈炳昊摄）
图 1.3 古寨写生（资料来源：屈炳昊摄）

图 1.4

建筑与环境写生中最为关键的是如何将建筑形态与个人感知相结合转化为绘画记录语言以及如何在画面中更好地传达人与建筑环境尺度的密切关系,二者是建筑与写生最本质的核心。在写生中"建筑"是建筑结构空间和建筑结构时间的表达,结构常常成为一种装饰以及需要被凝视观察的对象。常规学习中更多接近的是平面的传授方式,而建筑与环境写生是逆向真实的空间结构体,如何看建筑,如何体验,是设计从业者独立个人感知的转化。因此"建筑"与"环境"二者是相互依存的三维空间,其中最为重要的是需要在画面中完整地转化建筑与环境以及两者之间产生人与建筑环境尺度的密切关联,而这一切需要建立在对建筑与社会关联之间的充分认知之上——包含地域生活行为、历史遗痕、空间定格、时间叠加等。人对建筑的体验不完全是建筑形态及静态空间美感的体验,更是一种对空间尺度交接、空间光线关系的体验。因此,建筑与环境关系是极为紧密的结合体,而记录写生正是通过绘画语言的静桢表现时间的定格(图1.4、图1.5)。

图 1.5

一、建筑与环境写生和专业设计的关系

建筑与环境写生更为重要的是认知写生地地域建筑的灵魂,地域建筑是生活间隙的场所,在那里发生了世世代代民俗民风文化的积淀,于内更是人性灵魂的集聚地。因此设计从业者从自然语汇的写生中去创造与认识,在审美与情趣中去感受和发现自然环境与人文建筑中所蕴藏的美;了解地域建筑风格与尺度的异同,通过积极认知地域建筑的建造背景,使从业设计者在收获写生作品的同时更为全面地拓展专业知识领域,突破单一关注建筑与环境写生技法语汇表现的藩篱。

建筑与环境写生是记录传统文化兴衰、地域建筑风貌和风土民情点滴的综合绘画语言方式。地域的人文历史发展是在一片片热土

图 1.6

上的百转千回(图1.6、图1.7),社会历史和文化精神皆与当地的建筑人文模式相结合,建筑与环境写生正是设计从业者用"自己的眼睛看世界"——忠实记录和反映现实人文情结的最佳语汇,运用自然的方式最终将本土、乡土、本原韵味的种种乡土细节记录和推进于专业设计的文化空间实体中去。在写生中拂面淳朴自然建筑的原生与古朴,带走画本上沉沉的建筑笔痕与建筑视觉影像,在记忆中打上人文随行文化体验的烙印,将思考、观察与记录的方式逐渐融入专业设计语汇中。建筑与环境写生本着——"艺术践行·感悟创造"的写生目的,其与专业设计之间联系最为密切的是:设计主题往往围绕现有的地域空间与人文展开行走式的文化体验,该方式和建筑与环境写生本身是

图 1.7

图 1.4 苗寨聚落(资料来源:胡月文摄)
图 1.5 苗寨聚落(资料来源:胡月文摄)
图 1.6 干阑式吊脚楼建筑骨架(资料来源:胡月文摄)
图 1.7 风雨亭攒尖顶建筑构架(资料来源:胡月文摄)

并行不悖的统一思考方式，初行体验式的地域文化感知是建筑与环境写生的首要关键点，而往往在设计中主体的定位空间和现有的地缘结构，是以充分挖掘和展现当地人文为切入点，来展现功能场所体验式为主导的景观设计，将人们对客体对象想象的空间与文学和视觉艺术的结合成分无限放大与延展，从而更深层次地站在地域的角度，最终开启以设计主题空间为依托的地域文化之旅。因此，建筑与环境写生尊重"行与走"的地域文化体验关系，注重"观"的生活体现，强调整体空间的行走体验过程，不仅仅强调建筑绘画技法的营造，更抓住行走的第一感受，在行走中感受地域建筑所具有的独特文化表现，将生动鲜活的地域文化真实再现于建筑绘画视野之中（图1.8～图1.11）。

图1.8 甘肃天水古街（资料来源：胡月文绘）

"行走·记录·印痕"贯穿建筑与环境写生"始—终"。

建筑与环境写生拓展资源的使用：

首先，需要反复调整和摸索实地写生过程中的不足，深挖建筑与环境写生中积极有利于专业从业设计的引导，为建立行之有效的基础课环节打下坚实的基础。

其次，从如何保护、继承和发扬优秀的生态建筑本原文化角度出发，探索既符合时代要求又有中国特色的地域建筑文化，避免了从业设计者单一认知现代建筑设计体系的观察模式，针对当下面临的环境资源等问题切题入手与思考，最终在培养设计能力的同时，更要培养具有一定社会责任感的相关专业设计从业者。

第三，使设计从业者在建筑与环境写生的采风写生中，认知地域建筑所具备的中国传统封建礼制、社会家庭体制观念和传统宗法礼制的伦理观，了解中国地域建筑传统文化。通过建筑与环境写生的采风，大量考察当地聚落的居住特点、生活行为方式、地域风情及民族习俗等状况，掌握民俗民情、生活模式、观念形态、处世哲学和审美情趣等社会要素在设计中的重要作用，使设计从业者能真正理解设计与生活之间的联系，理解建筑与环境写生是有机生命的设计语汇体现。

图1.9 甘肃天水民居建筑（资料来源：胡月文绘）

图 1.10

图 1.11

第四，建筑与环境写生需要大量临摹与写生，最终训练和培养设计从业者眼睛观察世界的敏锐性，其中实地、触摸、行走、感受、记录成为设计表达的主题语言，而非空洞的技法表现。记录要求整个过程严谨而感性，可以通过单幅，抑或册页的写生形式真实地反映古城镇的地域文化街景形态，尤以册页表现方式能真实连贯有序的静态展示地域的建筑人文活动，同时锻炼设计从业者的综合建筑与环境的写生能力。

最终，建筑与环境写生的资源特色主要以贯彻地域传统文化为主导，经过建筑与环境写生专业训练使相关设计专业书籍中的设计理论和案例变得更为生动和直接，并且通过建筑与环境写生专业训练使设计从业者能够更为深刻地理解环境与地域、建筑及人文之间的关系，感悟地域环境承载的文化特质。建筑与环境写生在实际的场地读写中，深刻感性认知传统民居的营造结构及形式，是理解空间形体和表达的现实教材，现场近距离把握建筑的尺度及形式，增强自身的空间认知能力，提高对民居的审美及对图形语言的表达能力。在写生中，基础与研究并重以提高设计从业者专业素质，培养具有创新能力的可持续发展思维的设计人才，通过对民居的描摹与认知，学习民居聚落与环境的结合实例典范，研究地域建筑功能、构造和独特的艺术形态体系，创造出富有民族本土文化色彩的建筑创作作品与宜居环境。

在相关的专业教学中，将建筑与环境写生最终渗透到毕业创作中，进行大量相关地域文化的研究课题创作。因此，如果没有前期近距离接触的观察视角便缺失了地域文化行走体验环节的衔接，在中国传统文化的认知上必将显得空洞无物，所以建筑与环境写生除了教学科研成果以外，预期也真正实现了产、学、研的一体化模式。

二、关于建筑与环境写生

行／筑

一行人

一次穿越

一方庭院

一段老树

一条小道

一抹山水

一种生活

一支笔

一种心境

简单与不简单的诉说

（图 1.12、图 1.13）

图 1.10 陕西韩城党家村旧关帝庙文星阁（资料来源：胡月文绘）
图 1.11 甘肃天水（资料来源：胡月文绘）

图1.12 甘肃天水地域形态（资料来源：胡月文绘）

图 1.13 陕西韩城党家村老城区(资料来源:胡月文绘)

1. 地域差别是不同类型建筑的载体

"建筑"与"环境"由相聚而居最终达成空间格局的平衡协调，二者之间存在相互制约又共同发展的生活行为模式。传统历史建筑是特定历史时期民众造物、民间信仰和时代审美的人文载体，其作为建筑与环境空间艺术的载体，充分延展了地域文化的生活行为模式，建筑是物质文化过程与文化物质形态彼此互动的最好阐释。

由于地域是建筑文化的载体。因此，建构不同意味的建筑形式写生需求，必然为设计从业者打开人文建筑类型的窗口。"闯南走北"立足于南北差异的建筑类型定位，使设计从业者用建筑语汇的眼光和别样的写生心态，来体会南北不同地域中独特的原生建筑艺术之美。于南"小桥流水人家"如诗如画西江苗寨的干阑式吊脚楼，于北"连绵横亘窑居"宽博的陕北米脂古城，关中三原地坑窑院，陕南华阳、紫阳，甘肃天水和山西碛口古镇等多个写生基地。强调写生地的慎重选择与考察，以明确建筑与环境专业写生的重要性，不同山山水水的人居、地形、地貌因艺术的渲染而富有韵味，艺术因人居、地形、地貌的原生而倍增灵性，建筑与环境写生徒步丈量厚重山势的起起伏伏，穿行感知五色交辉夕日欲颓的山川之美，期间需用心灵去聆听小溪的水花和沙纹揉搓出一些细碎的呢喃；南北两地的稻谷麦香与盘山羊肠中，设计从业者需运用建筑语言的特性述说田连阡陌、七高八低、依山而建原生建筑的异同。

建筑与环境写生也需要对周边的原生地域建筑环境进行大量实地考察，如南线通过对贵阳凯里，雷山，西江，掌坳，控拜，郎德上下寨，乌东，格头等村寨的走访，记录，笔绘等方式，亲历苗寨吊脚楼直面的亲和，感受干阑式建筑独特的原生魅力；北线对山西平遥与碛口古镇的周边王家大院、双林寺、镇国寺、李家山等古建筑群探访。通过行走体验认知依山而建、环水而居有韵律的民居聚落，所到之处建筑组群呈现出的是建筑与环境相融合的民居院落建筑形制形态；如贵阳苗寨环山抱水的吊脚楼村寨特质；质朴的陕北米脂古城及其周边杨家村等地，地域建筑院落规制和

图 1.14

图 1.15

饰件保留的完整性；姜氏庄园的对称布局与中下两院错落有致和谐秩序空间的形成以及包含有大量中国古代等级社会尊卑意识、名分观念和等级制度建筑典范的佳县白云山，都充分呈现出地域文化的不同品鉴特点（图1.14～图1.17）。

实习写生基地：1）陕北米脂老县城、姜氏庄园、杨家沟、常氏庄园、李自成行宫；2）陕北佳县白云山；3）陕西三原城隍庙、李靖故居、柏社村的地坑窑；4）陕西韩城党家村；5）陕西华阳古镇；6）陕南紫阳、旬阳；7）甘肃天水南北宅子；8）山西碛口；9）贵阳千户苗寨。

图1.16

图1.14 陕北姜氏庄园
（资料来源：李建勇摄）
图1.15 山西碛口
（资料来源：金萍摄）
图1.16 苗寨聚落
（资料来源：胡月文摄）
图1.17 韩城党家村
（资料来源：屈炳昊摄）

图1.17

建筑与环境写生在充分考虑当地建筑特点与环境特色的基础上，定位"闯南走北"综合性的写生观念最终呈现出包括环境建筑沿街组群、环境建筑单体、建筑聚落鸟瞰、居民生活用具、环境时间变化、建筑语言细节和建筑形态特点等多元的写生内容。注重贯彻环境场地中"场"的空间理念和地域文化营造的地级关系，理解含蓄内敛的表现特色，观察整体环境的藏与露两条并行线，尝试行走感受的体验式建筑环境写生特色，最终目的将行走转换为畅想记忆的本生文化。

2．原生地域环境与建筑归属

学习专业设计的设计从业者，或多或少都具有一定的绘画基础和速写能力。而建筑与环境写生的意义不强调作画技法以及所用工具的繁复出彩，要求设计从业者具备个人对于建筑、环境的解读能力，即对周围事物细腻的观察和体验。写生是观察和记录环境及建筑的途径，绘画技巧的优势本身能够为速写增色，但若单一依靠光影、个人技术及艺术效果处理而呈现的作品，并不一定能成为一幅好的建筑环境速写，更不一定能为后期设计能力的良性循环做储备。建筑艺术设计专业立足人与环境的关系，这里的环境可以小到人与一把椅子、一张桌子，也可以大到人与城市、人与自然。

图 1.18　　　　　　　　　　　　　　　　　　　图 1.19

因此，要求设计从业者具备敏锐的观察和微妙的体会，去感知存在于地域环境中所具备的原生质朴审美理念。写生采风期间是综合性专业素养的训练。这种训练以建筑与环境写生为依托，结合现场感受、照片记录、实地走访等方式，建立对于地域场地深层次的立体感知。

建筑与环境写生侧重点在于从绘画的形式感与技法转移到对于人与建筑及环境多层次的关系解读；以传统形式美为主导的关注点转移到对于建筑细节、典型建筑、总体环境、居民生活状态、环境变迁等多层面交叠的物化感知（图1.18～图1.21）。建筑与环境写生不单单是观察和记录建筑及环境的途径，更是通过手与眼的协调去将外部空间映射到内心的重要过程，因此专业视野的诉求对建筑与环境写生的深度提出了更高的素养训练要求。

传统的意趣在于将对历史的定格赋予新的历史生命痕迹，使我们在对传统的寻根中，形成将传统文化的认知理念转换为现下文化的有机组成部分。建筑是传统文化中特殊的一类，它不是巫鸿笔下所说的类似于"石刻拓片"与古代碑铭的相对历史性所展现的时间后延性，也不同于中国美术形象"仙山"的永恒前瞻式，因此地域建筑的艺术表象可以是多维度的呈现，是过去时、现在时和将来时的综合体。如今，建筑的发展在技术与手法向西方学习的同时，更重要在于自身的思考，从地域文化、地域形态、地域精神中建立本我的生态美学观念是当下的建筑归属，因此，有必要在建筑与环境写生绘画训练中形成对传统的态度。更因为中国文人的虚怀若谷、隐士的返璞归真、家庭的相濡以沫、父辈的知足常乐，这些种种人性的行为观念都与地域、建筑环境不相分离，所以建筑是活态的有机生命体，因此在建筑与环境写生中定要怀着感知天地万物的心理，由心而生、意发与笔。

图1.18 总体环境地域风貌（资料来源：胡月文摄）
图1.19 地域风貌（资料来源：胡月文摄）
图1.20 典型建筑（资料来源：胡月文摄）
图1.21 聚落环境（资料来源：胡月文摄）

图1.20

图1.21

图 1.22

图 1.23

建筑与环境写生的创新在于注重建筑和环境两者之间的关系，通过写生的方式反映与延展地域的乡土性、本原性、生态性文化预期在设计领域里的可行性运用方式。这样的思维意识跨界体现不再局限于单一思维的原点思考，而是在生活行为、生活方式中循环往复，在写生中所有的材料、设计元素都将被赋予生命的热情而鲜活有序，不需要言语的解说词，而是第一时间的感受建筑，将特定的地域符号以及熟识的一砖一瓦、一木一石等乡土特质的材质、色彩、肌理，在进行时空转换后形成空间的有序组合、叠加、堆砌，最终形成具有地域特点的设计出发点，创造空间的记忆归属感（图 1.22～图 1.26）。

因此建筑与环境写生艺术形态在设计中传递的是本土文化的肌理性符号，也是地域文化原生地域环境与建筑归属的传递使然。

图 1.24

图 1.22 资料来源：胡月文摄
图 1.23 资料来源：胡月文摄
图 1.24 资料来源：胡月文摄

3. 工欲善其事必先利其器

建筑与环境写生不能脱离速写的常规写生要点，即对速写结构、透视和构图的要求。而对建筑与环境写生的绘画工具并未有太多限制，一般就取材方便、便于购买的速写本、中性笔等就能基本满足需要。但在长期的绘画写生过程中会逐渐形成自己特有的绘画用材习惯，总结归纳工具的性能，形成自己的风格，与个人喜好、能力有直接的相关性。

图 1.25

图 1.26

以下推荐常用工具:

1) 常用笔:

中性笔:文化用品商店普遍且方便购买。通常分为 0.3、0.5、0.7 等不同粗细;针管笔:国产英雄牌、德国红环牌等均有不同粗细,一般配备 0.1、0.3、0.5、0.7 或 0.2、0.4、0.6、0.9;美工笔:美工笔是特制的弯头钢笔,可粗可细,笔触线条变化丰富,容易画出感情丰富的画面,也可以线面结合,使画面灵活多变;墨水:可选择 PARKER(派克)标准墨水,墨色纯正,不渗色、不跑色。

2) 建筑与环境写生用纸:

速写本:方便携带,通常选 A3 大小或近 A3 的方本。内页用纸一般为素描纸,吸水性强,纸面有肌理,画出的线条容易掌握。普通复印纸:有 A4、A3 等标准规格,纸面光滑,画出的线条流畅,吸水性适中。铜版纸:纸面光滑,吸水性较差,熟练者使用有酣畅淋漓的感觉,结合马克笔更佳,能保留马克笔的笔触不受覆色的影响。保定水彩纸：被称为国产最好的水彩纸，吸水性适中，表面有纹理，棉性、韧性极佳，最适合美工笔画建筑与环境写生。写生作品使用此纸可配合马克笔、钢笔淡彩写生使用。

建筑与环境写生尊崇体验建筑及景观环境的主旨，摸爬滚打于原生地域的"本源"守候。关注生态环境下地域主义建筑的文化内涵，强调基于地域生态系统建筑体系的立足点；探索生态地域环境鲜活、有机、协调的本土文化实践；强调地域建筑的生命力，符合生态环境观念审美理念；透视本土、应机而生、随缘而成的综合绘画创作方式。建筑与环境写生从历史条件、地理环境、生活习俗、技术体系等诸多源流，寻找农耕文化原生环境的再创造搭接起了文化的传递作用。

建筑与环境写生立足于不以都市主义为唯一的教学思维模式；探讨以农耕文化为依托的生态地域环境建筑形态；归属为本土文化生命力传递的延展；定位生态化地域建筑的思维模式，存有探索绿色健康生存空间和演绎生态地域文化的情愫。

图1.25 资料来源：胡月文摄
图1.26 资料来源：胡月文摄

第二部分
表现与观察
OBSERVATION AND PERFORMANCE

建筑与环境速写是运用线条作为造型手段而构成象征性艺术符号的艺术形式。有时也可以辅助于色彩工具来共同完成对物象的具体描绘与记录,以期达到艺术手段的丰富。

速写属于绘画艺术的一个种类,是艺术家看世界的个人呈现。

"绘"为再现,是现实世界的客观存在;"画"为表现,按照中国古代的说法:"画者,化也"是人将对世界的认识与阅历通过艺术的形式表现出来,是表达艺术思想的活动。速写是绘画艺术中时空性较强的类别,要求作者以面对面的形式在短期内运用"绘"、"画"的能力,将艺术家看世界的方式记录在作品中。

作为一种对时空、艺术感官都有要求的绘画类型,建筑速写的完成需要绘画者具备训练有素的观察与表现能力。"观察"即解读事物的方法;"表现"即艺术再现个人眼

图 2.1

中事物本相的能力。其两者存在于一切艺术行为与艺术活动之中,既密不可分又呈现出纷繁多样的景象(图 2.1、图 2.2)。

一、表现形式

一般来说,速写是各专业门类艺术活动者共同感兴趣的艺术表现形式,出于不同的专业需求与不同的观察方式,建筑与环境速写作为一种艺术表现形式有着丰富的形式面貌与表达

图 2.2

内涵，它既是物象朴素的形象记录，也是多元、多手法的心象传递，是设计师对建筑环境、建筑文化、建筑形式、建筑符号进行学习与研究的一种手段。除了基础的记录工作外，需要对建筑构造、装饰图案、建筑风格等进行专业的解构与笔录，加之描绘对象时在"目识、心计、意测"的过程中个人理解与工具选择的差别，使得建筑速写的面貌与形式又有着多样的面貌。

用纸笔来完成建筑记录是设计学科培养专业素养的一种方式，这种艺术活动具有较强的专业目的性，其表现形式大致可以分为以下三种类型。

图2.1 贵州山里人家
（作品来源：张勇绘）
图2.2 西安兴庆宫
（作品来源：王娟绘）
图2.3 苗寨写生
（作品来源：曹梦迪绘）

图2.3

类型一，以记录建筑当下存在状态为目的的表现方式。记录建筑与自然环境、建筑与建筑、建筑与街巷、建筑与人群的场景关系。这类建筑写生强调综合的现场表达能力，是绘画者"识、记、意"的个性化过程，将空间感悟与文化缩影凝练于纸笔之上，笔随意动又不离记录的基本要求，同时完成"匠心"与"意境"的两重境界。作品依据画幅与时间分为速写与慢写两类，是较为放松、自信、有艺术感染力的表现形式（图2.3）。

类型二，以分析建筑形制与构造为主的表现形式。分析聚落的建筑布局，聚落与地形的关系，院落布局，建筑单体的构造特征，建筑结构的形式特征以及建筑风格的艺术倾向。这类建筑速写是设计学专业针对建筑信息解读逻辑的训练，要求绘画者从三维空间中提炼分解出二维的平面与立面，利用建筑可视的构造信息，分析出建筑的建造等级与建造手法，归类其符号语言。这类艺术活动有着较强的现场记录性与分析研究性，除了对建筑艺术价值的捕捉外，更要求运用专业的知识进行科学的、逻辑的、图示化记录（图2.4）。

类型三，以记录建筑文化符号为主的绘画形式。做为设计工作者，建筑速写的意义不仅是对建筑美学的追求与摹写，除了艺术的挥洒与意匠的表达外，还有对建筑艺术记录与保护的责任。就需要在感受艺术魅力的同时对其进行艺术记录与文化弘扬，因此，在建筑速写中对建筑装饰纹样、彩绘图案、楹联匾额等建筑符号的记录也属于不可忽视的一种艺术形式记录。建筑与民众生活构成一种共存的人居关系，所以对生活、生产工具以及服饰文化的记录也是有效记录与收集文化性符号的工作之一。这些内容与建筑的时代审美文化息息相关，对于建筑文化研究也有生动与鲜活的学术价值（图2.5）。

建筑与环境速写作为设计学科的艺术活动，一方面需要追求艺术感染力，在技法、线条、造型方面不断训练，提升个人的艺术修为。另一方面也需要运用更为专业的技术语言进行现场的研究记录，通过近距离对建筑符号与建筑文化元素的"拆解"与"摹写"完成从建筑写生到建筑研读的工作。多种多样的表现形式是设计学科学习和掌握知识的不同方式，同时也是在"建筑"这一大课题的学习中，演发而出又不断变化适应的阶段性状态，只有多元的表现形式存在，才能够使以"建筑"为主体的写生工作回归到以文化考察为本源的设计文化中去。

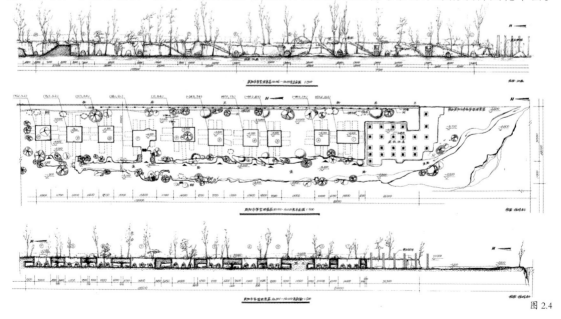

图 2.4

二、观察方法与表现要点

建筑与环境速写是设计学科进行专业认知训练的重要教学内容，其描绘的对象包括传统建筑、现代建筑、园林及自然景观等，目的是让学生掌握学习建筑文化的方法。这种相对传统的方式既需要主观的艺术提炼与加工，又不可缺失对建筑繁琐的组织结构与装饰细节进行研究与记录，因此它是艺术与技术并存的艺术活动，是以纸笔为载体记录建筑面貌珍贵的第一手文献资料。

提升专业的表现能力，建筑与环境速写训练要不断地深入传统建筑群落中传遗摹写、训练积累，还需要掌握一定的观察方法与表现语言，以对应建筑文化考察与记录的要求。从写生训练的角度来说，目识、心记、意测、手写这四个环节既是造型规律又是训练途径。

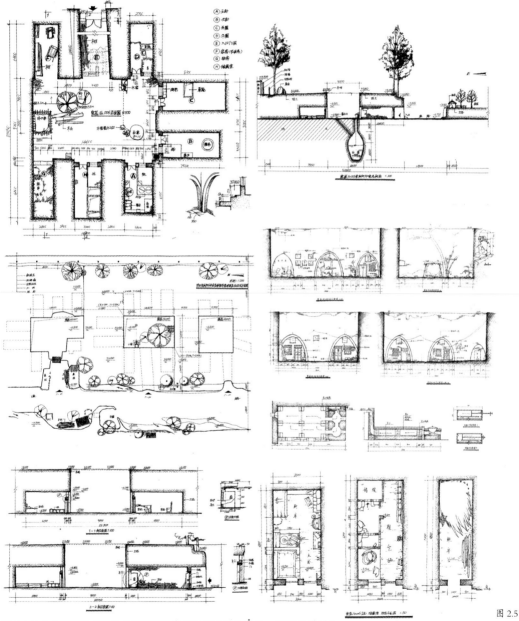

图2.4 永寿县等驾坡村地坑式窑洞建筑考察整理（图纸来源：2002级专科）
图2.5 永寿县等驾坡村地坑式窑洞建筑考察整理（图纸来源：2002级专科）

1. 目识

目识，认知与了解的过程。

首先，细读建筑留存下来的基本语言，通过解读这些外在信息，了解其内在的建造原理与建筑特色；其次，认识建筑与环境的关系，建筑与区域地貌的关系。传统营建活动讲究因地制宜，在天人合一观念的指导下，无论是建筑聚落还是园林建筑，都

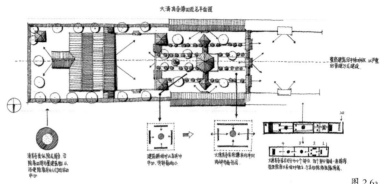

图 2.6a

与自然环境互为因果并共生共存。因为地理环境的差异，建筑形式、构造、材料也有很大不同，从而产生出不同的建筑技艺与装饰文化；第三，了解建筑与文化的关系。建筑是一个时代、一种文化的留存，不同国家、民族、地域对建筑的审美与需求不同，研读建筑必须将其放在特定的时代文化背景中，由此建筑与文化互为表里的关系才能呈现出来，才能看到其根本的精神所在（图2.6a）。

2. 心记

心记，相关知识的理解与现场的信息整合。

心记并非简单的记忆或影像复制，是在动手写生前，将与写生地建筑的基本信息进行解读，加深理解的过程。这一环节既是基础也是桥梁，需要前期对传统建筑知识进行系统学习，也需要对写生地建筑进行实地分析。既可以是写生过程中瞬间的信息整合，也可以是成果整理记录中建筑元素与风格特征的记忆与摹写（图2.6b）。完成度的关键，也是拓展思维的重要桥梁。

3. 意测

意测，艺术感受与专业认读。首先，建筑与环境速写并非摄影记录，是因美好事物激发而来的艺术感受，其与创作过程息息相关。面对建筑环境如何将复杂而巨大的信息精准地再现与描述出来，过程中的甄别、选择取决于对对象的敏锐感知，对内涵的准确把握以及长期训练中掌握的观察、判断、手写能力。

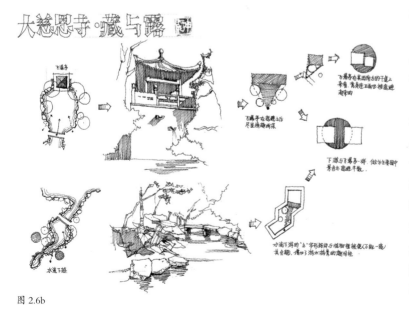

图 2.6b

将艺术感受这种稍纵即逝的情景映射，通过纸笔毫无羁绊流畅地表现出来。这种能力既帮助、启发作者的进一步思维，同时又能把思想有效地传递给观者，成为审美、思维、表达的有效桥梁。

其次，是对对象信息专业认读能力的训练。将浑然一体的建筑及其所在环境影像进行专业的分类，将建筑形制、结构、风格、装饰及环境与文化背景进行归类与解析，从不同角度对建筑进行深入地认读，完成从具象存在到抽象表达的思维转换，是建筑与环境速写区别于绘画速写的本质要求，也是建筑与环境速写有别于风景、人物速写，呈现纷繁缜密又灵动有序观感的精神所在（图2.7）。

4. 手写

手写，技法与表现。

速写是手与脑配合完成的艺术活动。脑的思考决定了作品的内容与价值，手的贯彻决定了作品的效果与水准。大脑决定画什么，怎么画，手负责将想法传递出来，能否有效的贯彻想法并提升效果，手的工作起着决定性作用。因此，手的训练是保证作品完成度的关键，也是拓展思维的重要桥梁。建筑速写对手脑配合有着较高的要求，日常应从以下几方面进行技法与表现的揣摩与训练。

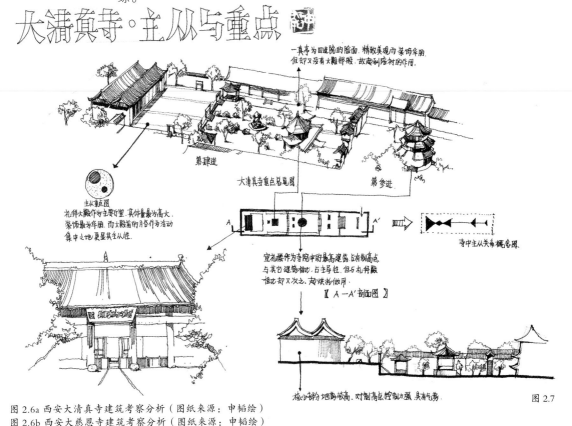

图2.6a 西安大清真寺建筑考察分析（图纸来源：申韬绘）
图2.6b 西安大慈恩寺建筑考察分析（图纸来源：申韬绘）
图2.7 西安大清真寺建筑考察分析（图纸来源：申韬绘）

1	2
3	

图 2.8

1) 形意相随

"形意相随,气韵生动"。

建筑与环境速写离不开形体塑造与艺术观念的表达,在塑造形体的过程中,通过构图取舍、线形笔法,笔意游走之间将主观感受倾注于作品之中,两者彼此互通又相互借力。不同的艺术目的选择着不同的表现方式,反之不同的表现方法决定着不同的画面风格。如以流畅的线条表现建筑的工业感;用苍劲的线条表现传统建筑的历史面貌;选择简洁清晰的线条表现农舍平静安逸的生活态度;或使用综合的塑造形式捕捉街巷集市的喧闹等。艺术感受主体利用不同的线条语言与造型手法将艺术观点传递于作品中,是短期内快速完成的,要掌握这种表现能力则需要长期的造型训练与写生经验积累(图2.8)。

2) 主次相应

艺术创作具有一定的不确定性,因此其在创作与变化中完成创作要遵循视觉审美上主次相应的基本要求。在表现过程中从选景构图开始,到形体表现的每一步都在完成主体从纷繁复杂的对象群中剥离出来,这种主观的艺术处理是建筑速写区别于简单的影像记录,并赋予其艺术能动价值的意义(图2.9,图2.10)。

图 2.9

图2.8 形意相随——不同的艺术目的选择不同的表现形式(作品来源:1、张勇绘 2、3 王娟绘)
图2.9 主次相应——重点一般位于画面中心(作品来源:卢美君绘)

图 2.10

图 2.10 主次相应——多个画面中心时,也有主次标准(作品来源:李盼绘)

3)空间有序

　　建筑与环境速写中的空间是一个相对的概念，大致包含两类表现方式：一类是立足物象的三维逻辑，追求自然存在的空间关系，创作出作品的画面深度（图 2.11）；另一类是以艺术境界替代自然物象，追求四维时空中的物象精神，从建筑院落主次关系入手，依次记录建筑轴线上的空间序列关系与建造匠意（图 2.12）。建筑与环境速写在表现画面空间关系时，常常需要游走于此两类手法之间，各取其长，在表现建筑的序列美时超越具体的时空限制，不惟一隅，从不同的角度，不同的区域提取物象素材，完成艺术景象。

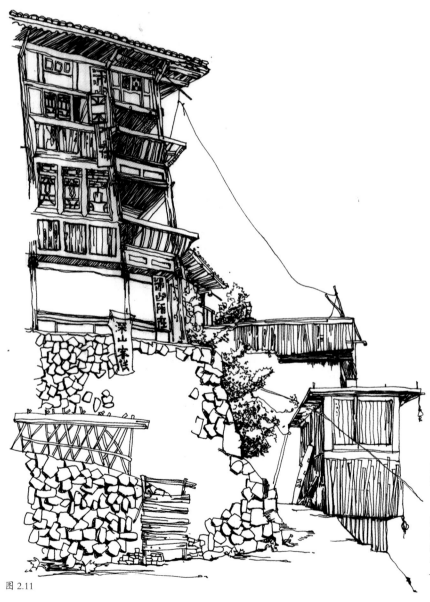

图 2.11

图 2.11
空间有序——
自然存在的空间关系描绘
（作品来源：曹梦迪 绘）

图 2.12
空间有序——
建筑轴线上的空间序列关系
与建造匠意
——西安大清真寺调研分析
（图纸来源：曹玉春绘）

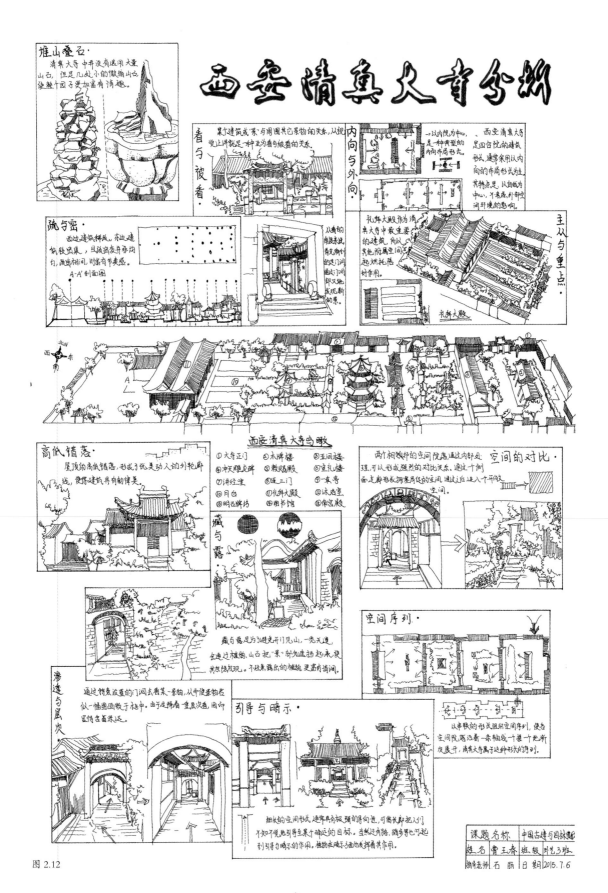

图 2.12

4）疏密有致　虚实相生

绘画中疏密关系的表达大致可分为符合客观情理的疏密表现以及经过的艺术构思与加工将繁密或疏简布局于作品之中的两种类别。前者与后者的主观能动方面有一定差距，其作品的审美价值与哲学内涵也会产生较大差异。速写是注重"写"的艺术，如何"写"，是有关写的方式，用笔的转折顿挫、粗细曲直，是否掌握流畅的技艺。而"写"的学问则关乎艺术哲学的思考问题，绘画的趣味就在于"看似在有形之处着笔，却在无形之处落意。""人知有画处是画，无画之处皆画。"建筑速写不能仅限于对物象的忠实记录，应在形与意、主与次、虚与实之间探索艺术内涵，将疏密得当、计白当黑的艺术哲学运用到笔的贯彻中，探索一疏一密之间生出心中之象的绘画乐趣。"虚实相生，无画处皆成妙境。"中国传统绘画对画面留白的功力异常讲究，这涉及艺术欣赏的想象性。在绘画领域中，艺术创作始终存在于表现手法、艺术精神与思想境界的综合法则之中。作品离不开"虚"、"实"两界，处理好这一对既矛盾对立又和谐统一的关系，是提升作品艺术表现力的必经之路。建筑与环境速写是对景写生与记录的艺术活动，在手与脑的快速配合下将对象的信息进行提纯、取舍、精炼，通过艺术的手法表现出作者对景物的解读，这个在创作的过程中不但体现出作者的表现能力也体现出其综合的艺术素养。善用"虚"位补"实"，善用"实"体就"虚"，使虚实达到平衡之境，其间没有什么截然分开的界限，只有意境与审美的艺术内涵的高低之分，才是艺术家们极为重视并不断锤炼的艺术修为与追求（图2.13）。

5）动静相宜

动静相宜，静则笔意沉静，动则风过云起。

唐吴道子善画静中之动态，其所画人物安静祥和，衣带却有迎风飘飞之势，被赞为"吴带当风"。其画作动静相宜，静则敛气凝神，动则满壁生风，这种以静写动的表现手法是提升作品艺术神韵与艺术气质的点睛之笔。建筑与环境速写只需要在建筑与环境、建筑与植物、建筑与人物之间捕捉动静之分态，描绘静态物象之中的意动，风动的瞬间感及趣味性。运用不同的手法将画面的形意、主次、虚实分类出来，运用好动静相宜的艺术尺度，提升建筑物象记录的现场感受与艺术内涵（图2.14）。

三、建筑文化分类与记录

文化是无形的精神构架，建筑因为十分接近生活，与文化密不可分，成为不同文化的"标本"留存于世。从不同建筑中可以透视不同的文化，建筑像一个容器，其中沉淀着许多隐藏的文化意义。一个民族的文化特质不可避免地表达在建筑上，建筑虽然是实质的，但它能揭示的内容包括了生活的全部。它不但能反映一个时代的技术与工艺水平、时代精神、审美观念，而且朴实地记录下当时人们生活的方式与价值理念。

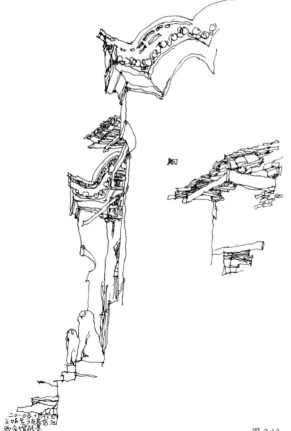

图 2.13

早期的建筑研究将目光集中在形制、样式、图案分类的探讨上，忽略了物质与文化认知之间存在的交互关系。所有单一的建筑内容离开建筑只能沦为片段，失去其精神价值，其中包括许多古代器物与艺术品，失去建筑空间的基础，都显示不出文化的意义与光辉。基于这样的原因，建筑研究的中心开始转移到更具广泛包容性的建筑本体上，如果建筑是生活的舞台，那么阐释其文化上的特色与精神，才是我们真正的目的。

设计学专业的写生课程，除了近距离学习建筑的营建技艺与艺术精神外，更重要的是收集、整理建筑的存世信息，探寻建筑的文化精神，并使用这些辛苦搜寻，精心整理的资料，进行文化方面的诠释，更全面地认识传统建筑，更生动地体会传统建筑中包容的生活文化。建筑速写只是建筑文化考察活动的一个侧面，完成一组建筑的整理记录工作，对传统建筑进行全面、有序地分类统计，通过不同类别的研究与记录，从不同的文化角度完成整体的"采编"工作。

图 2.14

图 2.13 手写—虚实相生—陕南建筑（作品来源：王娟绘）
图 2.14 手写—动静相宜—山里人（作品来源：张勇绘）

图 2.15

图 2.16

1. 聚落形态的文化记录

　　观察传统聚落的存在状态，要从文化环境的基础出发，因为文化的差异与传播、人居聚落的形态才呈现出多种样貌。从其根本探究大致可分为四类：第一类，是本土文化养分中自然生长发展而成的建筑聚落；第二类，是历史性的人口大迁移，两种原生文化碰撞融合产生的建筑聚落；第三类，是处于两种差异较大的文化边缘地带具有明显文化过渡面貌的建筑聚落；第四类，是外来文化冲击原生文化引起巨大的文化变革，从而改变的建筑聚落形态。不同的历史故事与社会经历造就不同的主体文化认识，探究文化的流源与成因，才能更好地了解建筑聚落。

　　聚落的形态、建筑形式、民风民俗除了与主流文化体现出互为表里的一致特征外，还不可避免地受到气候环境、地理特征以及生存地区资源储备的影响。顺应自然的先祖哲学教会人们向自然学习，与自然共生，聚落的形成与发展，人口的增长都与大自然的给予密不可分。"近水而居"、"依山而建"、"有险可依"，不同的环境造就不同的生存文化与生产方式，这些从大自然中学习到的知识，经过上千年的磨砺与积累，转化为一种成熟、质朴的生存文化，又通过建筑群落物化出来。这些都是人类学与建筑发展过程中给我们留下的珍贵遗存，也是最值得研究与记录的建筑田野资料。设计学科的建筑文化考察首先需要收集到这些建筑聚落的存世资料，在记录过程中，收集其文化成因的基本线索，并进一步分层、分类的探究与学习建筑与文化互为表里的深层关系（图2.15～图2.19）。

2. 建筑元素中的文化记录

　　建筑是文化的"器"，其形态、外貌、色彩、功能都受到主流文化审美与需求的影响，由内及外地呈现出不同的地域化特征。小到一个村落中不同阶层人家的院落，大到东方、西方建筑形态的差异。文化是"里"，建筑为"表"，由"表"着手，剥洋葱似地探寻"里"的精神与内容,运用不同方式进行分层、分类地记录分析,是建筑文化考察的必要工作。

1) 建筑的空间

我国有着古老的文明,最初的建筑形式体现出生活的简单,空间需求有限的特征。那时空间仅是一个巢的概念,一切古老的文明莫不如此。当建筑形式开始适应社会发展、文明进步的节奏

图 2.17

后,空间也跟着复杂起来。空间的格局成为对生活的具体说明,是生活的容积,它反映着文化的独特性。

中国的民居建筑、宗教建筑、宫廷建筑在空间上体现出少有的一致性,总是以中轴对称的形式出现,重要的空间都集中在中轴线上纵向伸展,而围墙的存在使建筑作为容器有了具体的边界。传统建筑对内部空间的要求不多,从秦代"三间房"样式开始,几乎没有大的改变。没有发展出复杂的多空间关系,而是将对生活的要求放置在建筑以外。私家园林的发展,就是在文人冶园的主导下演绎着对生存空间的精神追求。园林中蕴藏着中国传统文化对生命的体会与对理想人居环境的理解,这些内容都集中表现在建筑的外部空间。园林中多池水萦回、古亭翼然、轩榭复廊、古树名木,建筑则作为园林中的一部分,多与景致相投合,虽为人作,却宛若天开的园林环境之中。这种特有的文化精神使中国传统建筑区别于西方建筑对空间本体功能与形式追逐的发展主导,西方传统建筑的园林是从建筑空间内部演化出来的,因为对空间中几何关系的严谨探究,其外部园林形式也延续几何图形,成为建筑的附属内容。

图 2.18

图 2.15 分类记录—聚落形态记录—建筑与自然环境—西江苗寨长巷速写(作品来源:李盼绘)
图 2.16 聚落形态记录—建筑与自然环境(作品来源:李盼绘)
图 2.17 聚落形态记录—建筑与自然环境(作品来源:李盼绘)
图 2.18 聚落形态记录—建筑与自然环境(作品来源:李盼绘)

主要用于乘凉、刺绣和休息），是苗族建筑的一大特色。第三层主要用于存放谷物、饲料等生产、生活物资。西江苗族吊脚楼源于上古居民的南方干栏式建筑，运用长方形、三角形、菱形等多重结构的语构的组合，构成三维空间的网络体系，与周围的青山绿水和田园风光融为一体，和谐统一相得益彰，是中华上古民居建筑的活化石。在建筑学等方面具有很高的美学价值。反映苗族居民珍惜土地、节约用地的民族心理，在我国当前人多地少的形势下具有积极的教育意义。上梁的祝辞和立房歌，具有浓厚的苗族宗教文化色彩，是苗族传统文化重要的承载者。

苗族人自己表演的歌舞节目有当地的色彩，华丽服饰、欢快的歌舞和美丽的爱情故事都会你更加了解苗族人民。苗族古歌演唱，其中值得一提的是演唱者全是寨中的老人，用苗族古语演唱其史诗般宏大的古歌（苗族古歌有四部分，涵括万物起源、天地洪荒及年代迁徙史等）能就此传承下去也是一大公德。若能遇到特别活动或是有重要人物出现，还能看到当地的铜鼓舞、芦笙舞的高排芦笙、反排的木鼓舞。

亭前春逐红英尽，舞态徘徊。
弱一霏微，不方又眉日暂开。
绿富冷静芳音断，香印成灰。
可奈情怀，欲睡朦胧入梦来。

公元二零一四年十月
十月二十六日趣于古城西安其画南
内客哩生于贵州西江千户苗寨，爱时
昼夜几年终于西安美院
整呼完成，客有不足，但亦无悔～

陈俊博书：

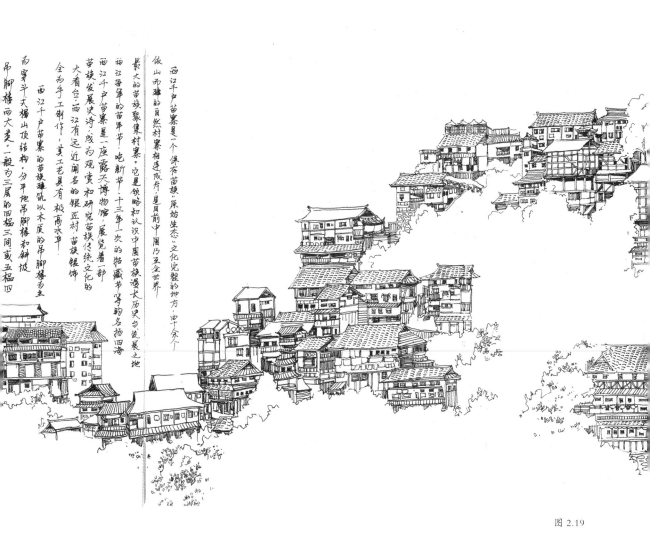

西江千户苗寨是一个保存苗族"原始生态"文化完整的地方，由十余个依山而建的自然村寨相连成片，是目前中国乃至全世界最大的苗族聚集村寨。它是领略和认识中国苗族漫长历史与发展之地。西江千户的苗年节、吃新节、十三年一次的牯藏节等闻名扬四海。西江千户苗寨是一座露天博物馆，展览着一部苗族发展史诗，成为观贵和研究苗族传统文化的大看台。西江有远近闻名的银匠村苗族银饰全为手工制作，其工艺具有极高水平。

西江千户苗寨的苗族建筑以木质的吊脚楼为主，为穿斗式悬山顶结构，分平地吊脚楼和斜坡吊脚楼两大类。一般为三层的四榀三间或五榀四

图 2.19 聚落形态的文化记录——西江千户苗寨（作品来源：陈俊伟绘）

2）建筑的形式

经过历史的推演，中国传统建筑形式发展出两个方向的特征。

第一个特征是横向的，在延续空间中轴线概念后，建筑也形成左右对称的特点。从开间遵循三间、五间、七间、九间的单数规则开始，建筑从结构到装饰也严格地执行着对称原则。这种规则覆盖了所有的建筑形式，无论堂、屋、庙、阁、塔，甚至照壁、牌坊、石碑等建筑构件也无一例外。有学者称，这种对称美学是古人利用建筑来模仿大自然造化出的人类，是从我们身体的左右对称演化出来的造物观念。也有学者认为，传统建筑中的对称美学是为了被观者审美，是一种从被看的角度出发形成的均衡艺术。从建筑主立面到院落中心，都存在着一个最佳观赏的审美角度。

第二个特征体现在建筑的竖向上，是台基、木构、屋顶三段组合的形成。这种三段组合的形式是中国建筑自出现以来自然形成的，而早期西方建筑如古罗马与古希腊也同样使用，是建筑最为精简的建造公理，而中国传统体制文化给三段式组合赋予不同的精神内涵。中国古代认为建筑的存在，有着超然于物质本身的意义，是人存在于天地之间的证明。台基代表地，屋顶代表天，屋身则代表人，如此一来，三段式就产生了明确的建造规则，有了人类社会的主观文化烙印，台基决定着离天神的距离。佛教传入前，中国的宗教以崇天为主，天子造九尺，诸侯七尺，大夫五尺，士三尺，平民一尺，这既说明所有的建筑都有台基，又体现了文化的阶级性；代表天的屋顶被附上更为神圣的色彩，是比例最大、装饰最集中、形式最丰富的部分。中国建筑数千年来，既没有改变三间房的空间形式，也没有改变中轴对称的审美办法，而是在屋顶的建造与装饰上增添了许多文化意味，成为中国传统建筑中最能体现尊贵与地位的文化象征；代表人的屋身部分，上呈天，下启地，其核心作用就是支撑屋顶。所有木构的发展都以屋顶的发展变化为主导，从而出现了让世人惊叹的稳固又复杂的独特结构。这种复杂的结构既满足功能要求，又同时具备与屋顶呼应的审美价值，但其并不直接作用于空间的使用需求。空间的形成依靠墙体围合来完成，墙体在建筑中可以随时拿掉，它的作用比较简单，主要负责间隔与保温。空间的大小是由柱距决定的，而柱体的排布首先要考虑是否能够合理地托起巨大的屋顶。由此可见，建筑的居住体验在传统营建中并不是主导，是否能够很好地承天应地，处理好天地的互通才是其核心价值，这种现象与技术无关，与文化却一脉相承。

不同环境与文化中的建筑会出现不同的技术发展走向，一个民族的文化共识影响着他们的建筑发展道路。对于建筑考察工作来说，通过建筑观察一切被建筑包容的文化现象，记录下通过建筑物化的形式留存，只是研究工作的开始而已，由这个开始探寻历史中的文化片段以及小小的院落中宅主人的人生，才使得建筑体现出生命般的鲜活与魅力（图2.20）。

3）建筑的装饰

一个民族的文明是否发展到成熟阶段，要看其文化是否变得成熟并富有魅力，这种圆熟的魅力在社会群体中被人们赞颂，并融合在生活的创造中，赋予其更为形象的物化精神。中国传统建筑很早就开始将文化的寓意注入建筑空间中，当文化的精神变得丰富与成熟时，建筑的装饰文化发展出屋宇翼飞、檐牙交叠、精雕细琢、争奇斗艳的瑰丽景象。建筑装饰作为一个时代的文化语言，在民间被广泛地使用并愈加使其繁复华丽，是与整个社会文化主体认识之间存在的交互关系分不开的。解读建筑装饰的形式内容，需要顺着文化的根系一路向下，找寻滋养其生长成熟的养分来源。

建筑装饰是一个时代的精神意化，而这个时代的宗教观、家族观、现世观则决定了装饰的具体内容。古代中国的宗教环境是一个儒、释、道三教合一的系统，在建筑的宗教精神缔造方面，我们的祖先选择了更为和谐的方式，表现出宗教文化的宽容性。民居建筑中随处可见的仙界灵山、八仙题材、佛八宝、忠义故事等，这些从庙堂演绎到民间的形象与题材，都是民居中宗教精神体现出的另一种功能，即吉祥、和谐、富足的祝福文化。中国的家族观与现世观是更为重要的文化主流认知，院落中无论建筑还是墙上的装饰，都体现着宅主人敬畏祖先、教化后人的家族责任与信条，如：文房四宝、耕读渔樵、二十四孝、香火永继、多子多孙等，同时在这一方天地之中，也不能缺少祈求家人富贵、平安、富足、康寿的现世愿望，一方面是对家族信条的恪守，对后人的教化，另一方面还有对现世富贵的殷切希望。这一类装饰在民居中出现的数量最多，形式也最为丰富。

传统建筑装饰按材料分有砖、石、木三大类别；从建筑构件角度区分，有门楼、照壁、倒座、厢房、正房、院落等类别；从文化角度则可分为：外向的装饰部分承担社会功能，内向的装饰部分承担家族功能。记录装饰元素时，可以使用灵活的方式，依据对象建筑的情况而定，注意记录的逻辑性、分析性以及装饰内容的完整性价值（图2.21）。

3. 民俗文化的记录

比起建筑文化，民俗文化则更加鲜活，更能说明文化发展的当下状态。这种文化状态往往是一个相互融合，具有动态特征的大圈层，其中包罗着环境、建筑、人群、服饰、农具、家具、交通工具等，这些碎片组合在一起则显现出一个文化圈层生动的影像全貌。这些影像记载着艺术家与建筑、人群交集在同一个时空下的故事，也是承载着文化的建筑在世间沉浮的一刻动态（图2.22、图2.23）。

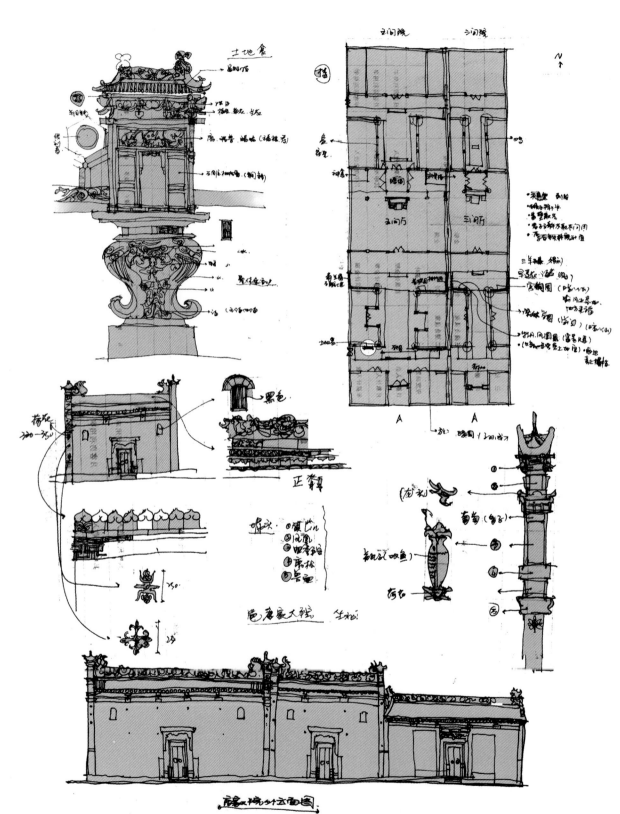

图 2.20 建筑元素中的文化记录——陕西旬邑唐家大院考察手稿（图纸来源：王娟绘）

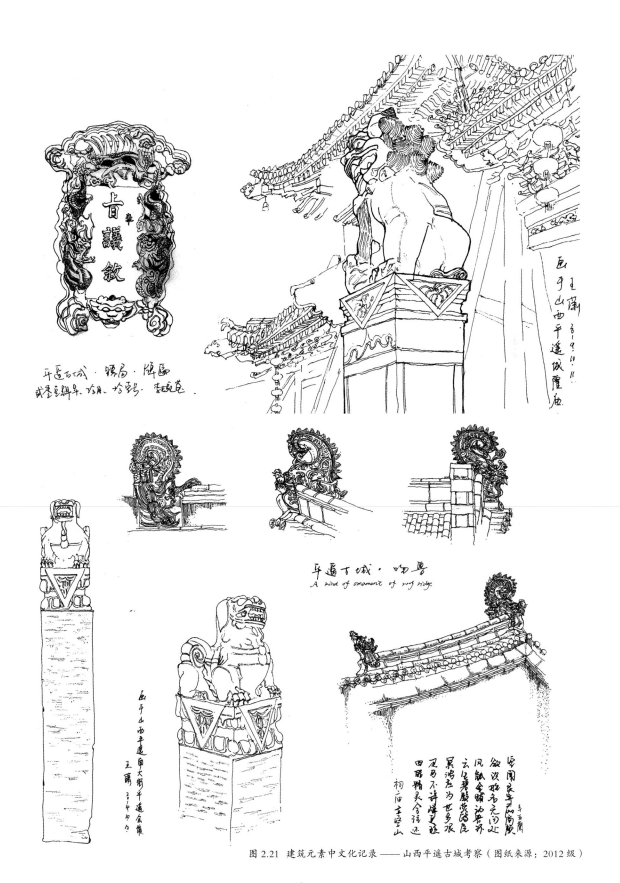

图 2.21 建筑元素中文化记录——山西平遥古城考察（图纸来源：2012级）

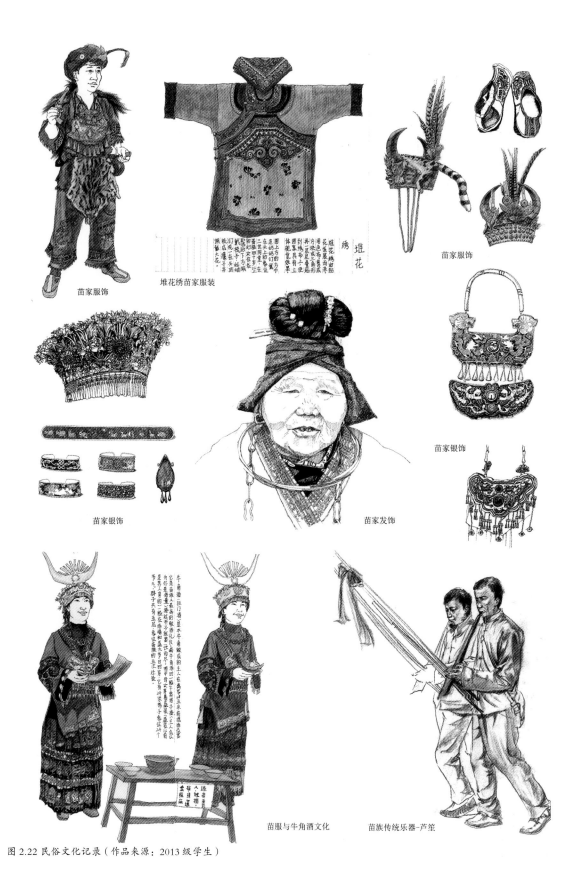

图 2.22 民俗文化记录（作品来源：2013级学生）

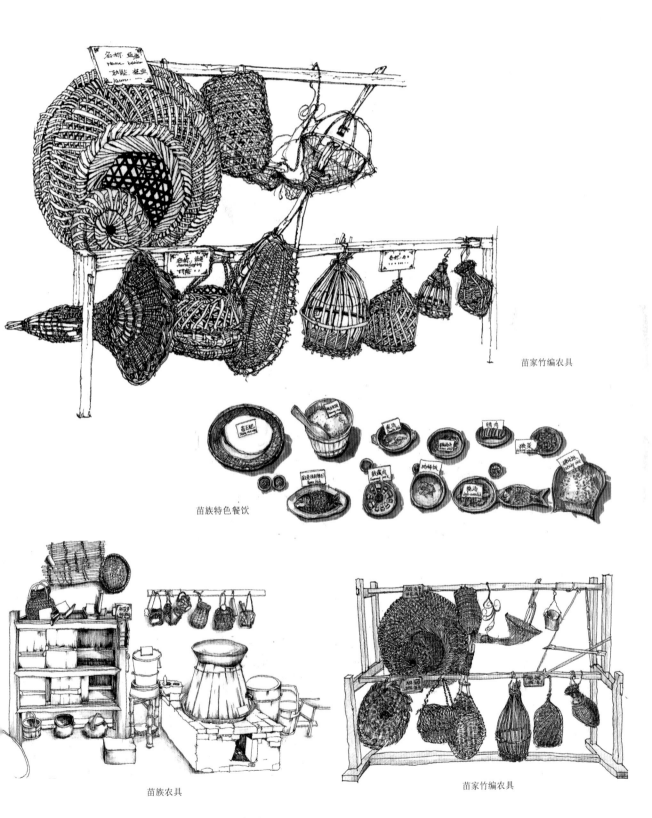

图 2.23 民俗文化记录（作品来源：2013 级学生）

第三部分
整理
与
交流

**FINISHING
AND
COMMUNICATION**

建筑与环境速写是专业设计的基本素材，对这些素材进行科学整理是专业设计师的基本功。所谓科学整理，不是简单的搜罗和聚汇，而是对素材的再认识和再开掘，其主要表现是：

① 将庞杂、零散、无序、没有逻辑的信息，分门别类，归纳整理，转化为系统的、条理的、准确有效的设计素材。

② 对归纳出的素材，进行深入的解读，通过理性思考更清晰地确认其人文内涵、人文符号，并准确把握其建筑的风格与特征。

③ 结合准备进行的专业设计，选择借鉴的主要元素，寻找合理的创新点和创新尺度，形成设计思想、设计原则，并确立设计创意和设计方案，这是对设计从业者专业知识领域的最全面、最有效的拓展，是其专业认识水平和专业能力提升的主要途径，也是专业设计能否成功的关键所在。

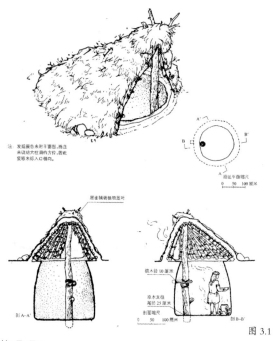

图 3.1

具体地讲，设计从业者应该进行那些方面的整理呢？

一、文化记忆整理

建筑是一面镜子，它映射着人类自身发展的创造力和智慧。我国疆土辽阔、民族众多、地形与气候多变，各地区各民族都有着自己独特的建筑风格。劳动人民依靠智慧为我们描绘了一本形态各异、形式多元、材质多样、结构多变的建筑百科全书。各民族在经历漫长的历史演变中，形成独特的文化传统和形态各异的建筑形式，作为一种文化现象，它真实地展现了人类文化演变的深刻规律。将一个特定建筑问题，放在特定的语境中进行考察是必要的，而更重要的是将那些被考察的建筑，与之前的历史文化渊源联系起来，将已发生的和正在经历的以及对未来的判断融为一体，系统地了解每座建筑所处的时代背景、政治背景、经济背景以及自然环境所带来的影响。只有这样，才能综合地梳理把握建筑本身的地域性、民俗性、文化性、时代性，才能为做出服务于人类的好设计奠定基础。

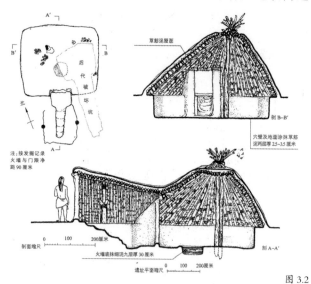

1. 历史建筑的整理

建筑是历史的活化石。

作为设计从业者应了解人类发展过程中的建筑及其空间形态的由来和目的。纵观世界建筑发展史，早期文明的产生与发展存在着许多共同性质，以生存为前提进行建筑营造活动，对抗大自然所带来的一系列威胁以及不同部落之间的资源冲突。历史告诉我们，

图 3.1 穴居、土居（资料来源：杨鸿勋建筑考古论文集）
图 3.2 北方仰韶文化南方（资料来源：杨鸿勋建筑考古论文集）
图 3.3 南方河姆渡文化（资料来源：杨鸿勋建筑考古论文集）

图 3.3

人类从早期栖息的树上走向洞穴,以群居的方式寻找保温、避雨、躲避野兽攻击的生活环境。接着从动手建造穴居、土居(图3.1),并最终向着木骨泥墙的中国传统营建模式发展。在部落文明产生的过程中,营建活动都是集体型的,部落内部交流,信息较为封闭。同此,早期部落建筑风格呈现出明显的地域特征,以北方仰韶文化(图3.2)和南方河姆渡文化(图3.3)的建筑为例,就是本着就地取材、因地制宜地营造着自己的居住环境。这些文化的信息,我们必须在考察过程中进行采集、提炼和加工整理。

随着建筑的发展演进,社会的变革,建筑逐渐有了新的功能和形式特征,例如祭祀功能、政治功能、宗教功能、防御功能、休息娱乐功能等,对这些文化信息我们要在进行建筑速写的记录中去归纳总结,为以后的专业创作提供储备。了解传统建筑文化,我们还要系统整理传统礼制文化、宗教伦理等,并通过对地域文化的特点、处世哲学和审美情趣的思考来加强对传统文化的认知及记忆,以增大我们设计实践中所需要的养分。

2. 聚落文化的整理

聚落的形成是人类智慧和文明的体现。

在现场考察中,我们会发现大量的聚落建筑及聚落要素,如照壁、祠堂、牌楼、民居、水井等,一些完整形态的村落还会有河流、树林等自然元素。这些要素是我们观察的主要对象,是需要我们去认知、记录的第一手资料。通过建筑与环境速写这一途径,我们应当学会从历史的角度去认识历史建筑(图3.4)、地域建筑(图3.5)、宗教建筑(图3.6),了解建筑的内部特征类似建筑构件、营造特征等,并从人文的角度了解建筑与人的关系以及建筑符号的象征意义,从而吸取聚落文化中有益的养分,使得自己的设计更加完善和完美。

在后期的资料整理和收集阶段,我们还要通过文献去查阅关于建筑文化的其他信息资料,以帮助我们了解聚落文化及其发展脉络。中国的《汉书·沟洫志》的记载是较早描写聚落形态的文史资料,"或久无害,稍筑室宅,遂成聚落",这一描述告诉我们,聚落并不是单指房屋建筑,而是包涵人们居住、生活、休息和进行各种社会活动场所的总称,一般来说,聚落划分小到三五户(图3.7),大到一个城市都是一个聚落空间。

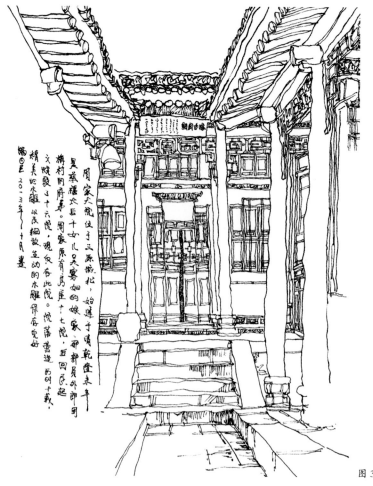

图3.4 地域建筑(资料来源:屈炳昊绘)

文献信息查阅对于聚落文化的整理是十分必要的，它可以帮助我们获取现场以外大量关于聚落的人文信息，增强我们对构成部落、村落或者城市建筑群体的整体认知，既帮助我们认识聚落文化的人文环境、经济发展和文化脉络，又帮助我们深入地了解区域建筑、区域文化以及区域经济建设的发展轨迹。

聚落的文化发展是一个历史过程。它以中心为原点向外拓展，以建筑的形式不断更替来满足人类的生活需要。我们一定要在建筑与环境写生过程中通过发现、记录、宣传来传承和保护聚落文化。

3. 典型元素及文化符号的整理

在社会发展的历史长河中，主流目光永远是向前看的，但也总有些人会回头望，寻找那份遗存的美，在建筑行业更是如此。我们应该是那群回头找寻前人遗留下来美的发现者和守护者。中国历史上由于思想和观念的影响，导致我国许多建筑特别是民居难以永恒，从中国的院落就可以看出，建筑的材料是木制的，而营造的形式也是分离的，更多的传承是血缘的方式，它不像国外建筑是用石头建造的，家族继承制度可以代代相传直到今日。当今我国由于经济具有一定的盲目性，许多古建筑群已被损毁，唯有经济相对落后地区的区域建筑、民俗民风被保留了下来，这亟须我们给予宣传和保护。

在写生实践中，我们常常会被当地的特色建筑、服饰和生活行为所吸引，这些有别于平时所看到的事和物，都能给予我们一种不同的体验，将它称之为典型元素和文化符号，譬如将兵马俑、长城、天安门、大雁塔等称作典型元素，将功夫、戏曲、筷子、龙凤、图腾等称作中国特色的文化符号。

图 3.5 聚落（资料来源：屈炳昊绘）

图 3.6 宗教功能建筑——西安大清真寺省心楼（资料来源：屈炳昊绘）

图 3.7 聚落（资料来源：屈炳昊绘）

建筑的典型元素分为典型聚落和典型建筑，而文化符号在建筑中则表现为装饰纹样、民俗图腾、生活习俗等。在建筑文化考察活动中，通过速写、图像摄影、文字记录等，对典型元素和文化符号进行准确、全面、有效的整理把握，对于加强我们建筑本身的认知和了解，对于加强建筑本身的宣传和保护都具有至关重要的作用。

这10年间我们通过建筑考察活动，对我国南方、北方的典型聚落有了初步的认知和了解。北方以党家村、南方以千户苗寨为例，陕西韩城党家村地处关中平原，是极具我国北方典型的传统民居聚落形制，该聚落占地6万余平方米，因为地处平原，聚落内有巷道（图3.8）、门楼、祠堂、文星阁（图3.9）、看家楼、泌阳堡、哨门、避尘珠、节孝碑和布局合理、功能齐全、结构紧凑、错落有致的四合院等，向人们诉说着党家村往日的兴盛与辉煌。村内的典型建筑以四合院为主，通过现场实地调研我们得知，房屋分为两层，上层高为7尺，下层高为8尺，每座房子上都有保护厢房山墙用的一个洞槽，下雨时，4个大房檐和4个小洞槽八处同时滴水。我们通过查阅相关资料得知党家村的特点讲究是房子"上七下八"，"五脊六兽"，"四檐八滴水"（图3.10）。

图 3.8
党家村巷道
(资料来源:屈炳昊绘)

而西江千户苗寨位于山地丘陵较多的贵州省凯里市雷山县，由于地势原因苗寨在空间布置与党家村截然不同，而是顺应自然形态、环境，顺山就势，依坡筑屋，营造出了丘陵地区特有的吊脚楼，这是当地人民在艰苦山地丘陵地形下独具智慧的创造。吊脚楼是干阑式建筑，一般分为两层，其营造特点是架空建造，抬高了居住层面，下面以木柱支撑，有利于防潮湿、防虫蛇猛兽，饲养家禽牲口，建筑本身开间少、进深浅、占地不多，适用于南方山区地形，坚固牢靠，是原生态建筑的最佳形式。

写生考察中，党家村的四合院、千户苗寨的吊脚楼作为建筑的典型元素，给我们留下了极为深刻的印象。不仅如此，党家村四合院的门楣刻字（图3.11）和壁刻家训（图3.12），千户苗寨的歌舞（图3.13）、服饰（图3.14）、苗绣（图3.15）、银饰（图3.16）等文化符号，也给我们留下了难以磨灭的记忆。通过速写实践，认真记录、整理这些典型元素和独特文化符号，对我们提高设计理念、设计能力大有裨益。

图3.9

图3.11

图3.10

图3.12

图3.9 党家村（资料来源：李建勇摄）
图3.10 西江苗寨（资料来源：屈炳昊摄）
图3.11 壁刻家训（资料来源：李建勇摄）
图3.12 楣刻字（资料来源：周靓摄）

图 3.13

图 3.14

图 3.15

图 3.16

图 3.13
苗族舞蹈
（资料来源：刘鑫摄）
图 3.14
苗族服饰
（资料来源：刘鑫摄）
图 3.15
苗绣
（资料来源：赵凯华摄）
图 3.16
苗族银饰
（资料来源：赵凯华摄）

二、交流的意义

交流的目的是为了分享、学习、碰撞与超越。一个人、一座城、一个国家都是具有鲜明个性的文化载体，交流是它成长、进步、发展的源动力。发展中由于个体和个体之间既有共性又各不相同，因此发展中需要相互滋养、相互吸收、相互碰撞、相互推进，只有这样才能趋利避害、取长补短、共同超越、共同进步。交流分狭义、广义两种类型，狭义的交流指人与人的相互沟通；广义的交流指思想上精神层面的相互联系、相互影响、相互合作即文化传播。当前经济全球化的发展已经将整个世界紧紧联系在一起，促进全球性的文化大交流，是不以人的意志为转移的大趋势，因此，学习中的交流显得尤为重要。学术交流可以使我们了解更多、更新的资讯，同时也可以使我们在专业知识层面，把建筑考察活动学习的成果通过展览的形式进行分享、分析、讨论、探讨、论证、研究活动且开展狭义交流，通过梳理转化找寻提高自我和解决问题的办法，从而达到广义交流的目的。

图 3.17

图 3.18

图 3.19

图 3.20

图 3.21

图 3.22

图 3.17 展览现场（资料来源：刘鑫摄）
图 3.18 展览现场（资料来源：屈炳昊摄）
图 3.19 展览现场研讨（资料来源：刘鑫摄）
图 3.20 展览现场（资料来源：屈炳昊摄）
图 3.21 展览现场研讨（资料来源：刘鑫摄）
图 3.22 展览现场研讨（资料来源：刘鑫摄）

1. 文化传播

古为今用 保护与传承

建筑本身是历史文化的承载者，建筑考察交流的本质意义是文化传播。我们应当通过举办展览（图 3.17~图 3.20）、编送资料及网络传输等多种途径，加强建筑考察成果的交流，并在此基础上对传统建筑要素进行科学梳理，使设计从业者更好地了解地域文化、自然环境以及时代变迁对建筑产生的巨大影响，从而深入了解建筑本身、设计本身所具有的特殊魅力，同时通过了解人文思想、时代背景、政治经济为建筑所注入的特殊意义，从而在保护和传承中更好地为当今人类服务，是设计从业者肩负的历史责任。

2. 相关专业间的交流

建筑环境艺术专业是研究自然环境和人相互关系的多交叉学科，需要文学、经济学、考古学、社会学、心理学、生态学、建筑学、图像学、符号学等多方面的知识交叠。人类的行为模式与行为方式在塑造环境的同时，存在着人类文化活化的遗风，其中交流成为不可或缺的文化先导。

建筑空间的营造可分为：心里空间营造，感官空间营造。

心理空间的营造，考虑人的行为、思想、心理感受，涉及心理学、社会学、宗教学、文学等。感官空间的营造是人对建筑的感官体验，涉及美学、建筑学、经济学、符号学、规划学、生态学等。按照不同文化、不同种族、不同地域、不同学科、不同行为方式以及不同居住文化与居住环境，进行多方位重叠交互的文化信息研究，便于发现人类对环境认识、适应、调节和改造的机制，为从业者日后的环境设计与创造提供参考与借鉴。

对于学生来说，最快、最有效的交流方式就是通过举办展览和研讨会来促进相关专业的交流学习，因此建筑考察的成果展示也就为学生搭建了这样一次别开生面的交流平台（图3.21～图3.24），通过对不同学科的解析与贯通，使建筑研究的分析方式与方法包罗万象，这无疑给设计整理打通了"任督二脉"。通过对相关专业的梳理与思考，最终在专业交流的启迪与碰撞下，进行再创造和设计创新是多学科交流的终极目的。

3. 碰撞与超越

无数事实表明，在现代建筑设计中，对传统民族元素符号的再设计是一种历史的必然。这在某种程度上来看，正是对优秀传统文化的一种继承。历史文化只有在继承中才能不断突破障碍取得进步，社会才能得以发展。然而继承传统文化既不是囫囵吞枣式的全盘皆收，也不是蜻蜓点水式的表面随意，而是要真正地把传统文化的内在精神通过设计语言，诸如对空间、材料等方面的选择和运用，表现为人与自然的和谐。这应该是现代建筑设计发展的必然趋势，也是优秀传统文化与现代设计观念融合的最高境界。

当下很多建筑设计师在如何将传统元素符号应用到现代建筑设计这个问题上各持己见，著名建筑大师吴良镛先生则提出"抽象继承"的观点，他主张把传统建筑设计原则和基本理论的精华部分加以发展。即在现代建筑的设计中，善于从传统建筑设计中提取最具有本土意味的经典设计语言与符号，并找寻其与当代建筑设计理念之间"心意相通"的关键点，经过抽象、集中、升华，并予以新意。这一观点，对建筑设计师在建筑设计精神性的体现中应该具有一定的启发意义。

创造既求整体，也不排斥某种程度、某一细节的部分神似。当然，即便如此，也要经过再创作，而不是完全照搬照抄。因此，汲取传统民族元素符号，如建筑构件、空间、意境、材料、技术等，经过抽象与转化形成一种符号，再将其应用到现代建筑中，已成为一种建筑设计传承的手法。它为传统民族元素符号在现代建筑中的全新体现提供了新的途径，即准确适度地将传统民族元素符号的意韵通过现代发达的科学技术、多样化的建筑材料及多元的创造性设计手法表达出来。我们必须科学利用传统民族元素符号延续地域建筑文脉，以适应当地的历史文化、人文风俗，这是我们在整理与交流中对传统民族元素符号运用和创新的努力方向。

图 3.23
展览现场
(资料来源:刘鑫摄)
图 3.24
展览现场
(资料来源:刘鑫摄)

第四部分
延展与应用
EXTENSION AND APPLICATION

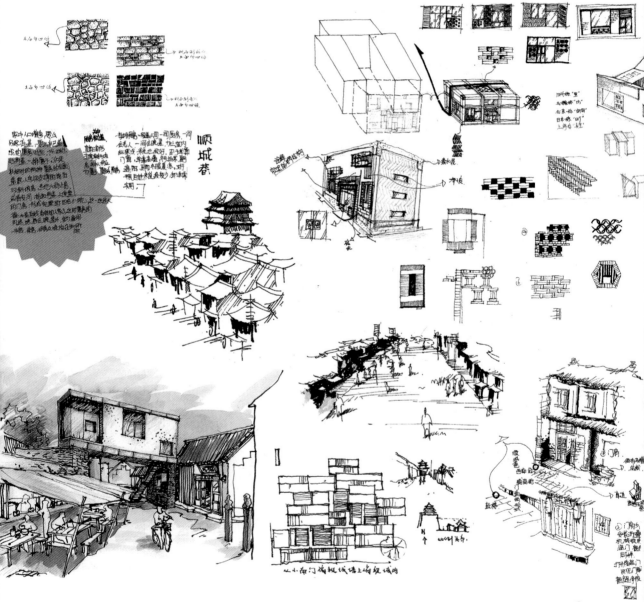

图 4.1

以建筑及环境速写为基础实践的写生训练，能够掌握一定的表达能力与技巧，这种专业技能，在不断的练习中，增强了对建筑及其环境的观察能力与绘画表现能力，如果和所学专业知识进行恰当的结合，逐渐转化为设计绘画表现，则具有一定的专业导向性，使速写变为有目的的创意设计表现手段，具有极强的专业属性，它是必要的可掌控专业设计表达的方式。坚持长期的速写训练，以徒手的记录方式，使人能够对所描摹的实体、空间及其环境具有深刻的记忆，同时对环境中人文信息的不断储存与获取，在长期的知识积累中可转化为创作思维的源泉。现场写生实践的记录能力，通过扎实的基础训练，运用于创作设计中，极好地培养了学生的绘画表达能力及创新思维能力（图4.1、图4.2）。

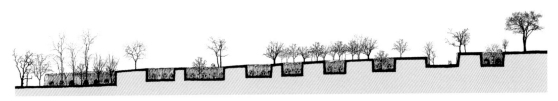

图4.2

图4.1 咸阳永寿等驾坡地坑窑洞生态博物馆规划设计
　　（资料来源：王亮 周正超等）
图4.2 西安顺城巷景观改造保护设计（资料来源：赵堃等）

然而，建筑及环境速写实践写生活动，不仅仅是速写本身，就相当于设计不只是单纯的表现技法或效果图，认为设计就是效果图表现，是非常片面的认识，设计过程及设计思维缺乏理性，仅仅以形式取悦于人，最终导致劣质设计的泛滥，设计结果品质不高。建筑及环境速写是有目的进行观察与表现，以专业设计的思维与理解方式对环境进行记录与表达，它加强了设计所涵盖的内容及表达能力。速写的表达目的是非常明确的，它集中去体现关于建筑形制与建造特征，关注其外在特征的同时更加去洞悉其内在的文化蕴涵。如果说绘画专业的速写基本要求考虑造型、画面形式生动、有趣等，那么设计专业的速写除了具备绘画专业所表达的共性外，更加要求表达内容的严谨性与准确性，包括建筑的组成构造、材料结构等营造特点（图4.3、图4.4）。

图4.3 陕西青木川（资料来源：海继平绘）

图 4.4 陕西三原周家大院（资料来源：海继平绘）

由于科学技术与现代艺术的不断发展，高技术的设计需要高情感的不断培养。建筑及环境速写写生的户外考察特性，恰好建立了与建筑之间的互动关系，建筑速写及手绘练习是专业设计者与建筑高情感的投入重要媒介，它增强了人与建筑的情感，并且拓展了我们的视野，积累了丰富的专业设计元素，为后续的专业创意表达及设计实践做了大量的铺垫，加强了初级阶段的表达能力，提高了对作品的辨别及赏析能力（图 4.5）。许多建筑设计大师尽管在后工业化的高科技时代背景下进行创作设计，但并没有放弃建筑速写的记录及表达习惯，依然离不开草图设计的艺术情感表现形式，创意构思草图依然完美地体现着建筑师的幻想与艺术性感的结合。解构主义建筑大师 Frank Gehry，在他的建筑作品注入了大量的个人情感，他采用多种材料、运用各种建筑形式，并将幽默、神秘以及梦想等元素融入他的建筑体系中。充满诗意的解构手法向世人展示着令人震撼的迷人建筑作品，艺术及表达形式经常是 Frank Gehry 灵感的发源

图 4.5

图 4.6

地，他对艺术的兴趣可以从他的建筑作品中了解到，融入了明显与模糊、自然与人工、新与旧、晦暗与透明、堵塞与空旷等传统与人文的理念，其草图表达形式更具有张力而不拘泥，像鱼儿一样自由自在、无拘无束，这就是通过手绘草图把对设计的情感投入到创作中的真实写照（图4.6）。

一、手绘表现在创意应用中的灵感发挥

1. 计算机代替不了手绘表现

计算机带给设计领域非常巨大的变化，设计软件的发展越来越精准，可以说是细致入微，极大地让设计过程变得更加便捷，其制作的准确性与精密性完成了大脑想要的结果，它使人的大脑创造思维活动具有可视化结果，使大脑的意识思维过程及创作构思活动变得具象化。如：4D打印、BIM等建筑信息模型制作技术的出现，是设计界的技术革命，具有划时代的意义，大大地推进了设计及施工技术，从长远来看，计算机还有着突飞猛进的发展势头。计算机科技辅助于设计领域，是设计过程与结果的重要补充，在设计方案的推敲阶段，计算机的模拟功能不可忽视。在某种程度上，计算机效果图使用范围较为宽广，但就于表达形式层面，手绘表现与计算机表现并驾齐驱，相互无法取代，计算机代替不了手绘的表现形态，更无法替代人脑的创意思维活动。人的大脑与计算机各自有自己的分工，在设计过程中，由于分工的不同，其发挥的作用也就不同，所以不能简单的混淆，认为计算机可以解决设计中的所有问题，这是认识上的误区，是非专业的理解。然而，创意过程中计算机取代不了人的大脑，这是因为，两者在创意设计中所扮演的角色不同，认为计算机能够代替人的思维创意，代替手绘的表现形式，这是认识上的误区。在设计推演过程中，只有经过完整、系统的专业训练才能达到预计的完美结果。计算机辅助设计代替不了手绘表达，同样手绘设计更无法替代计算机的辅助延展设计。

初涉设计领域的从业者，往往以计算机制作来进行建模推导设计，不画草图，不进行图纸上的推敲与演练，直接进行计算机操作，似乎也能够做出方案来，但这样的方案往往缺乏总体的控制以及对细部的处理与推敲，使设计流程趋于简单化，不能够充分、踏实的进行方案深入设计，最终的设计结果或许会流于空洞的形式，而缺乏全面性的系统化理念的融入，从而缺少有蕴涵的、富有精致打磨的优质设计作品的出现。美国著名建筑师斯蒂芬·霍尔，一直从事建筑设计教育工作，坚持不懈地利用零碎的时间进行草图的勾画，一直养成良好的设计习惯，善于运用徒手表现，利用草图勾勒出完美的设计作品，十年如一日，进行建筑研究及创作工作，积极参加各种国际设计竞赛，获得建筑类大奖多项，在建筑设计实践中勇于探索，不停地思考和尝试如何实现建筑设计的创新。

图 4.5 陕西旬阳（资料来源：屈炳昊摄）
图 4.6 Frank Gehry 建筑草图

2. 建筑速写为手绘表现奠定了良好的基础

　　建筑及环境速写写生作为专业设计基础实践，它是设计创作及设计实践的核心部分，其不光为建筑画、手绘表现、马克笔技法等手绘表现打下扎实的基本功底，更为设计创作注入了丰厚的营养成分。长期养成手绘表达习惯，使手绘贯穿于设计实践的整个过程，能够大大提高徒手表现的技术能力，同时，使大脑的设计思维活动变得更加敏锐，有极强的捕捉能力。强劲的手绘表现技能是一个专业训练有素的设计者必备的硬性条件，往往他们的设计表达富含专业品质及表现力，具有极强的视觉传达效果（图4.7、图4.8）。

图 4.7

图 4.7
客厅手绘表现
（资料来源：王娟）
图 4.8
建筑环境手绘表现
（资料来源：王娟）

速写及手绘表现需要长期坚持，它是眼睛的观察传递给大脑，经过大脑思维加工再付诸手的表现过程。眼睛、大脑、手相互配合，反复的训练将会默契和谐、运用自如，逐渐强化了手的表达能力及技巧，不断提高了技术含量。由速写延伸到专业手绘设计的训练，包括设计草图的勾画练习，进一步为设计创作蕴含了丰富的营养，这一过程的演练，是为培养高素质设计人才的必要途径，从一开始就摒弃了眼高手低的学习态度与性格缺憾。

速写写生的过程中，搜集大量的描绘素材，运用手绘的表达手段，实现了绘画表现目的同时，使人对所表达的对象记忆非常深刻。速写的记录方式能够获取大量的现实信息，每一个可表达的素材经过提炼后，成为可表现的重要题材，提升了画面的品质，增强了手绘表现的审美层次，从而达到绘画表现的终极目标，诸如取景、构图、风格、画面取舍等。反复练习，使手绘表现的技术含量更高、更加扎实深厚，同时也提升了设计者对事物真伪美丑的鉴赏能力，提高了自身的专业水准。长期坚持对实物的速写记录习惯，会加深对传统建筑及其环境的深层次认识，对传统文化更加细致的记忆识别，长时间的不断积累，将为专业设计实践打下良好的基础（图 4.9、图 4.10）。

图 4.8

图 4.9

有了初步速写功底的技能的积累，设计草图及设计表现便能够达到一定的技能与专业水准，一定的手绘表达功底，能够相应地体现创作思维水平，许多建筑大师，在草图中，得心应手地勾勒出自己对设计对象的假设与判断，充分表达自己对事物的臆想与推断，把自己的真实想法运用草图的方式表现出来，这和他们早期的速写练习分不开，作为设计者应有的基本素质，每位建筑大师都或多或少的具备，通过手绘表达展现自己的创意与想法是他们进行设计的必要条件。没有前期速写的写生训练，往往构思的各种想法是很难表达于二维的纸面之上的，速写基本功的练习，足以使设计思维表现得更加精准而生动，所以，速写的练习需要大力提倡，只有通过速写练习才能提高手绘的能力，还能提高自己的认识水准及丰厚的文化素养。速写练习过程是全方位的，是对建筑空间的逐渐理解以及对空间美及其形式特征的把握，通过手绘来感受建筑空间的环境气氛，感受环境空间的风格特色，在此当中，速写最能表达人与建筑、环境的情感境界，真正体验建筑空间环境的尺度氛围，还能够给人以知觉感受和无限的联想，对专业设计者而言，置身其中，亲身感受，受益匪浅。

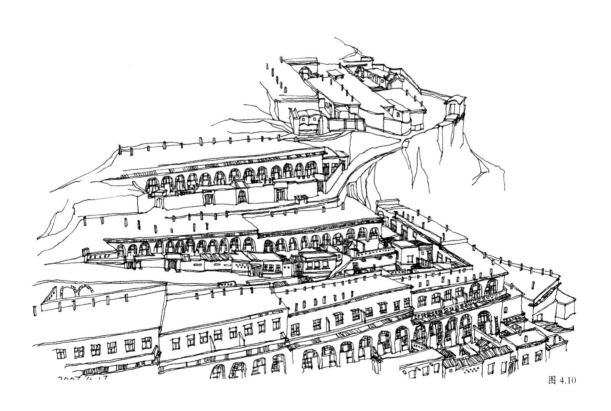

图 4.10

图 4.9 西安大清真寺（资料来源：海继平绘）
图 4.10 陕北米脂（资料来源：海继平绘）

3. 手绘表现是速写在设计中的延续

　　手绘表现是速写技法在专业设计方向的继续延伸，在大量的创作设计实践当中，需要运用手绘来表达意图与想法，这时长期速写写生积累便得到充分的运用与发挥。速写的技能延伸到设计之中，是速写训练的目的和最终方向，手绘表现在设计中得到提升，成为重要专业表现手段，这是和速写前期的写生训练分不开的。把速写的技术转接到专业之中，使速写与专业设计得到最佳结合，无论平面、立面、剖面或者是效果图、鸟瞰图、轴测图便通过设计草图或手绘表现达到设计结果，任何专业的设计都离不开徒手草图设计及专业性表达，速写技术逐步加强了专业基本功的训练，同时完善了创作设计的初步积累（图4.11～图4.14）。

图4.11

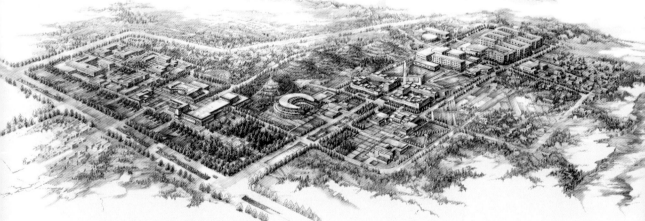

图4.12

图4.11 西安城市CI设计效果图（资料来源：毕业设计）
图4.12 西安美术学院新校区规划鸟瞰图（资料来源：王明明等）鸟瞰图
图4.13 延安滨河景观规划设计（资料来源：张冬冬）
图4.14 青龙寺主轴景观剖面（资料来源：李鹏等）

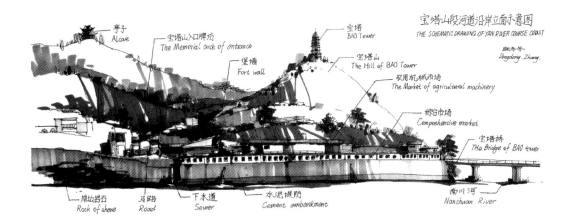

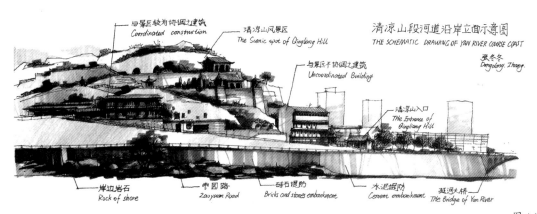

图 4.13

图 4.14

手绘的专业表现更加稳定了速写的表达方式，提升了速写的表达方向，是徒手表现与专业设计的最佳结合，无论从事景观设计、建筑设计还是室内设计，对设计对象的表达，往往通过平面草图、立面草图、透视、剖面、意向草图等来设计及完善设计主体，当进行设计创作时，徒手表达的设计图形占比例很大，对平面的划分或功能的调整，平面形状的推敲，交通的组织等这

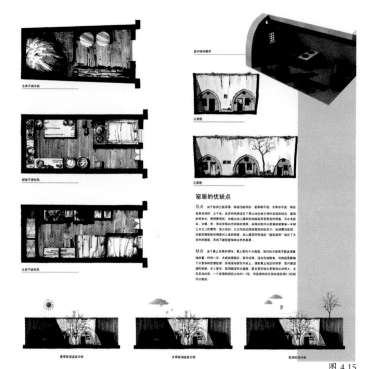

图 4.15

些要素都要通过草图进行设计并得以完善，使大脑思维结果能够得到可视化的呈现，这是专业化、系统化设计的必经阶段。许多著名的设计大师，其创作的初始状态是草图带给其灵感，著名的悉尼歌剧院的建筑创作只源于一张颇具视觉冲击力的草图，最终使设计假想付诸现实。而建筑师赖特，其独具魅力的草原式别墅和其绘制的建筑草图密不可分，横向的设计关系在画面中显得稳定而唯美，空间关系错落有致。所以只有坚持长期、不间断的速写练习，草图设计的表现技能才会更加坚实而稳固（图 4.15~图 4.18）。

手绘表现设计延续了建筑与环境速写的表现方式及手段，它与速写写生的本质区别在于速写是对具体写生对象的反映，而手绘表现设计则是对大脑构思的呈现，二者都需要很强的表现功底。速写有现实的参照对象，手绘表现则要靠大脑的空间想象，从无到有，这个有，则凭借速写的基本功底、手绘的表现技巧，才能够让一件设计作品富含形式美的表现法则。对一件设计作品表现好坏与否的衡量标准是以设计者的速写绘画能力、综合知识素养，且以完美的表现形式表达出来，相辅相成，二者相得益彰，共同彰显内在的设计涵养，是设计综合实力在设计过程中的完美呈现。

建筑与环境速写写生以及手绘表达是通过不断的练习，强化手头技能的同时，在日常生活学习中，不断地进行文化知识的积累，并且具备一定的人文修养，综合的体现专业内涵，在表达过程中逐

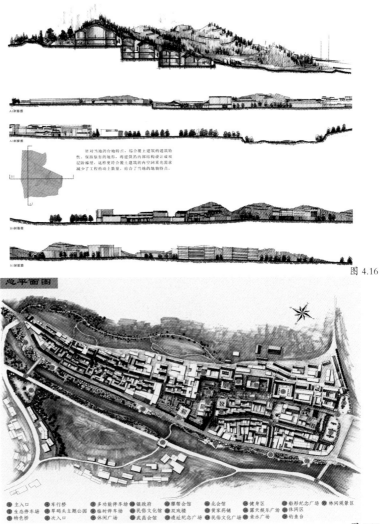

图 4.16

图 4.17

花架立面图

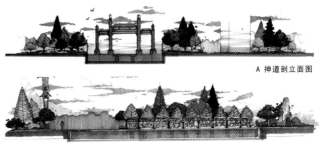

A 神道剖立面图

B 神道剖立面图

图 4.18

图 4.15
咸阳永寿等驾坡地坑窑洞
生态博物馆规划设计
（资料来源：王亮 周正超等）
图 4.16
西安美术学院新校区规划设计
（资料来源：王明明等）
图 4.17
漫川关古镇保护规划设计
（资料来源：马思思等）
图 4.18
广东省顺德区菊阴园改造立面
（资料来源：毕业设计）

渐将信息转化为人头脑中的创意构思，使其图形化、图像化，这是创作设计表现的重要特征。因此，设计是多层面、多角度的，运用绘画语言表现设计的同时，需要了解人文背景，不同的理解，往往表达出不一样的文化形式，而不同的文化载体，对空间的展示与营造有所不同。对环境空间的体察与感悟，感受空间的维度与氛围，达到专业创作与表现的目的，彰显艺术表现形式，这是从事设计行业必备的基本素养。设计者对于作品的呈现必须充满了信心，以强劲的速写技能功底，有自信且更加完美地表现出良好的设计作品（图4.19、图4.20）。

4. 设计草图是创作灵感表达的重要媒介

设计草图是大脑构思的重要表达手段与途径，经过徒手勾勒出来的方案图形使设计者对于空间的联想特别丰富，留给人设想的范围很宽广，它能够使人产生许多无限遐想。草图设计表达和图像语汇贯穿于设计的全过程，它以最快速度的表达设计者的思维结果，使思维的构思成为可视的图形，借助草图把头脑抽象的思维想法转化成具体的形象，使意念形象化，通过手绘表现的形式呈现出来，这是设计草图在设计过程中所承载的重要内容，是一切创作活动必须遵循的活动规律。

信乐园中心广场效果图

鼓乐广场休息区效果图

中心广场立面

林荫区立面

休息区景观墙立面

图 4.19

鼓乐中心广场效果图

历史长廊北段平面图

历史长廊中段平面图

历史长廊南段平面图

图 4.20

图 4.19 延安滨河景观规划设计（资料来源：孙忠瑞等）
图 4.20 延安滨河景观规划设计（资料来源：孙忠瑞等）

草图的作用，记录瞬间大脑的想象，当草图的描绘验证了大脑预期想要的结果时，手绘是最快传达大脑信息的媒介。当手绘草图的表达从视觉判断上未达到最佳意向时，强劲的手绘表现能力往往会弥补大脑想象的不足，通过扎实而熟练的手绘表达进一步完善创意的初衷，达到想要的结果。手绘图形会经过反复演练及推敲，又反作用于大脑，这样一来，手脑结合，相互反馈，完成设计创意的最完美表现，思维灵感的想象最终成为二维可视化的现实。以建筑设计为例，其不单单只是个原始的平面雏形，因为它是立体的三维实体，并且要融入自然环境当中，一开始表达要运用徒手操作，纵然草图表现的不算是精准，但是在设计的初期阶段，它能够在第一时间传达大脑发出的信号，描绘出建筑最初的模样，设计者抓住的"第一感觉"便来源于设计草图，这"第一感觉"的深刻印象将贯穿于设计的整个过程（图 4.21、图 4.22）。

设计者在与方案关注着交流、分享大脑初步想法与构思时，抽象思维便要通过草图设计来得以实现，可视化的草图能引导观者的思维与空间想象，能够把早期方案设想与参与者分享。草图设计二维的表达形式虽然与现实空间、三维界面表达和计算机相比是有差距的，但前期的意念想法设计却离不开草图，甚至无法代替，即使是暂时性的，经过专业训练过的具

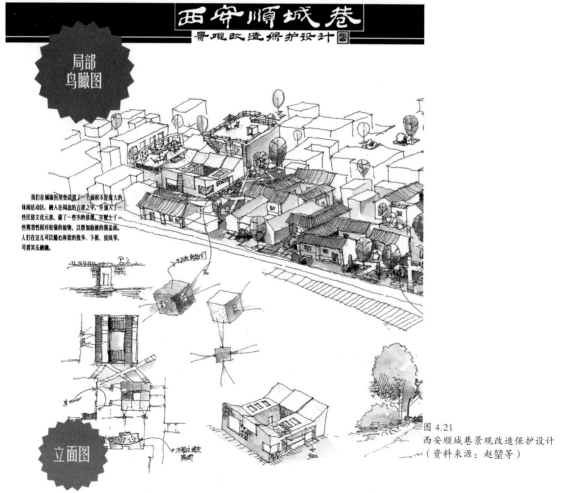

图 4.21
西安顺城巷景观改造保护设计
（资料来源：赵堃等）

有草图表达能力的设计者，在这个时候会发挥重要的作用。草图表现能力稍弱者，在表达自己的理念与想法时，未免会出现交流的障碍或表达中的模糊性与不确定性，缺乏表达的多样性与准确性。

　　人的大脑需要有灵感源的激发，往往设计草图成为创作灵感的刺激对象，在设计的初始阶段起到非常重要的作用。创作设计通过大脑的构想，创新思维的不断活动，使抽象的思维理念及想法变为可见的事实，这便是草图设计对大脑思维构思的启发。草图激活了大脑活动的灵感神经，由脑传递给手，二者相互结合，对设计作品构思反复推敲，以图形化方式呈现于纸上，当表现出来的图形不够理想时，又反馈于大脑，大脑再一次进行梳理，使得思维构思结果更加精致准确，以达到想要的结果。大脑的来回推敲与整理，使方案趋向进一步的完善，让人浮想联翩及头脑风暴，逐一落实，整个设计过程经过细心打磨，反复筛选，一步一步朝着理想的方案靠近，这便是灵感表达设计的过程。西班牙建筑师圣地亚哥·卡拉特拉瓦曾描述自己在建筑设计过程中的情况，"我从不用计算机，我只喜欢在纸上自由地绘制草图，不知不觉中灵感就会为我指引方向。"正如他所说，灵感出现的不知不觉，无法让人捉摸其出现的痕迹。因为作为人的大脑的活动是复杂多变的，大脑活动与创意的每个瞬间，在一定的时间、地点、场景，所呈现出来的思维结果是多变且难以定式的。

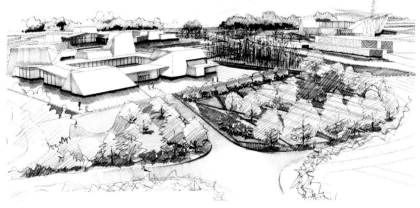

图 4.22
西部国际艺术城规划设计
（资料来源：周永等）

大脑的意念通过草图图像的表达，成为可视化交流的一种媒介和渠道。通过来回地修改、对话及交流，大脑不断地反复接收，进行重新加工与整理，这样能够使设计构思不断地提升。草图形成可视化图像是大脑思维活动通过徒手表达的结果，这种对话过程将进一步完善设计构思的创意方向。草图的反复演练与推敲，使大脑模糊的图像或瞬间的思维结果通过手绘定格在画纸上，通过相对抽象的草图形式，去捕捉各种不确定与待定的因素，经过不断的完善与整理，逐渐趋于合理化及完美设计成果，这便是头脑经常闪现的阶段性灵感思维及不断碰撞的灵感火花。所以说，草图设计与大脑的思维不断交织相互推进的最终结果，便是灵感爆发及生成的可能性，这种互动关系使设计过程充满了活力与激情（图4.23）。

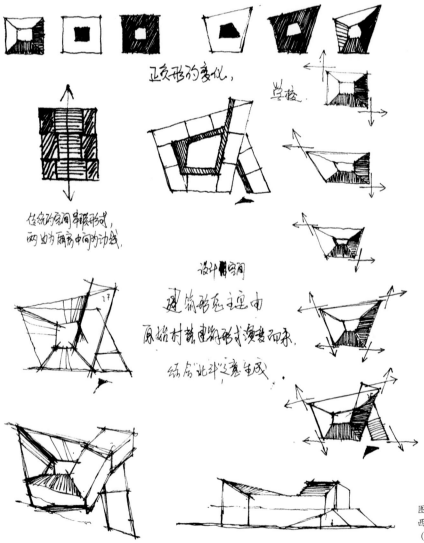

图4.23
西部国际艺术城规划设计草图
（资料来源：周永等）

二、文化积淀在创作设计中的延展

1. 文化积淀在创作中的再现

纵然设计文化在不断发展，然而手绘表现则是一个持久的、永恒的表达手段及工作习惯，在不断创新、不断变革的设计过程中，无论是先进设计理念还是先进的科技文化，当其融入设计领域，就会发生思想的自由交流和互动探讨，它们相辅相成，使传统的手段及技术继续发扬光大。设计艺术一直伴随着科学技术的进步而发展，以新的设计理念为指导，依靠科技与技术的新成果，运用设计师个体的艺术天分及良好的专业素质，通过灵感的发挥与创造，运用全方位的因素条件，赋予物理、生理、心理和社会等各方面的介质，以手绘的表达手段，通过新的设计思维、设计手段创造出造型独特、功能完善、特色鲜明的设计作品来，使之达到功能与审美的高度统一，最终完美设计出符合于人的使用、适用、经济、美观的作品，以满足人类精神及物质的最终需求。建筑及其环境往往与其相关专业设计者之间有着极强的情感联系，由于专业的创作欲望会调动起对建筑及其文化与知识的强烈渴求，从而通过速写对描摹对象各种形式及其内容素材的收集与积累，包括对传统与现代文化介质的吸收，地域文化、风土人情的体验与感受，当积淀到一定程度将爆发式的运用于设计实践当中。

建筑与环境速写是文化积累的重要体验途径，在速写记录过程中，对于空间的大小、建筑各元素的协调、材料质感的对比等都会带来极强的心理感受。蕴涵和表达着对建筑及其环境的风土人情和创造魅力，能够被感知或加深印象，成为设计者的内在体验与文化认知。对写生对象的结构、空间、韵律、节奏、材料的认知与把握，亲身现场感受传统建筑的艺术价值及文化传承的同时，更要求对创作作品的高品质表达及创新思维意识的提升，写生地现场的风土人情，建筑的风格特征，建筑的建造特点，更能够加深对建筑及写生对象的了解与记忆，为专业设计注入充分的营养，使得专业知识结构更加具有活力（图4.24、图4.25）。通过建筑速写基础理论和基本技能的学习，加深了对对象分析和理解的能力，在掌握绘画基本功的同时，更加熟悉当地的建筑人文色彩。把对传统文化的认识与手绘表现技能训练相结合，让建筑速写与主观意图表达之间存在更加紧密的联系。在对建筑及其环境的感受中，剖析与了解空间气氛的营造及设计，通过自己对文化的理解及空间所表达出来的艺术形式进行近距离体悟，充分了解其文化属性，了解其个性的抒发与表达，剖析建筑的个性与社会性、自我与非自我的情感表达，这些理性的记录与观察是人的潜意识与显意识的综合审美创造活动所表达出来的结果，其中包括与传统文化的高级情感交流，这是写生当中设计者对实物进行感悟后的潜意识的综合审美心理活动。

图 4.24 陕北米脂集市（资料来源：海继平绘）
图 4.25 陕北米脂灶房（资料来源：海继平绘）

图 4.24

图 4.25

在建筑与环境速写的过程中生动的感知建筑文化与传统文化的精髓，通过观察与速写记录，全身心的体验、认知、理解和探究速写的表现对象，了解建筑的形制与特征，研究并熟悉其内在的建筑人文特色，在此过程中能够深刻领悟到其美学及哲学理念精神。建筑速写的训练，夹带着获取复杂的人文信息，有利于提升自身的感悟能力及对问题思辨的能力。对设计内涵、形式审美及图形语汇有新的体察，这些符号的观察与判断将为设计创作实践打下深厚的文化根基。这种实践体验能够使人的思想活跃、思维敏捷，极强地提高观察能力与表达能力。日本建筑师安藤忠雄，在年纪轻轻时，便周游世界，去考察及探访各种风格的传统建筑，包括近代著名建筑大师的作品，闲暇时间博览群书，善于观察、勤于思考、爱好广泛，长期坚持草图表达，其内容涉及建筑、城市、艺术、社会等诸多方面，并进行深层次的思索积累，大量积淀了丰富广阔的知识及文化信息，通过不断地储存记录来获取创新灵感（图4.26、图4.27）。

在建筑设计创新的过程中，创新主体要具备完善的职业素养，积极的探索精神，勤奋刻苦的对客观世界进行深入的调查、研究、思考，只有这样才能获得创新的灵感，设计出好的作品，这离不开平时大量文化知识的积累。

图 4.26

图 4.27

图 4.26 萨伏伊别墅
（资料来源：海继平摄）
图 4.27 朗香教堂
（资料来源：海继平摄）
图 4.28 巴塞罗那米拉公寓
（资料来源：海继平摄）

2. 创作设计需要深厚的文化积淀

当大量文化积淀融入于设计者的整体文化素养之中,便掌握了创新设计的主动权,成为设计者取之不完、用之不竭的知识涵养,在创作过程中发酵、孕育,最终创作出完整而独立的具原创性的设计作品来。创作设计需要大量知识文化信息的积淀和记忆储存,这需要在平时的学习与观察当中一点一滴的积累,但作为课程的练习,建筑速写是众多有效手段及方式中的一种路径,它是获得有价值信息的重要手段与管道。由于网络时代的快速便捷,大多的资料与信息很容易从网络中获取,所以创意设计出现大量的叠加性设计及设计衍生品,缺少具有民族特色的本原性创意设计,原创性的设计作品也少之胜少。而我们以速写为目的,去寻找那些还遗存的具有价值的传统建筑群落、美丽村落古寨、传统文化古镇进行记录、整理与研究,充分挖掘其建筑以外的人文元素,加强对这些传统聚落的深刻认识与专业性的研究,从中去寻找和发现真正的本源介质及传统文化之脉络,使其能够成为可借鉴及利用之源泉,为当代设计与专业发展所用。当这些可汲取的文化动态和信息资料,通过整理、记录,永久的印记于我们的大脑之中,便成为挥之不去深藏于意识思维之中的观念与常识,最终作为文化的积淀运用到设计实践当中,开拓了思路,提高了眼界,成为创作者源源不断的知识源泉,这种行为的手段加深了对文化的长久认识与记忆(图4.28~图4.31)。

图 4.28

图 4.29

图 4.30

图 4.29 陕北米脂（资料来源：海继平摄）
图 4.30 贵州西江苗寨（资料来源：海继平摄）
图 4.31 陕北米脂古城（资料来源：海继平绘）

建筑与环境速写是学习和掌握建筑外在形式美的一种过程,是理解和表达建筑外部空间的现实素材,它既能够快速提升整体掌握现场环境的能力,又能够展示对空间和尺度的协调能力。亲临现场的写生实践,可以近距离感受建筑的尺度及形式,增强了自身对空间的认知能力,为专业设计课程打下了坚实的基础。一方面,通过速写,综合全面地了解关于建筑的人文环境及文化背景,熟悉传统建筑的建造特征、建筑部件的功能及名称,认知传统文化在当今社会的价值及其存在的社会必然性,对于建筑速写本身,仅仅靠描摹建筑的外形是不够的,外部形体只是表象,往往内在的建筑空间形态、建筑形制、建筑色彩、建筑装饰蕴含的寓意以及民俗特征是传统建筑的灵魂,这些因素需要在现场环境氛围中不断摸索与体悟(图4.32、图4.33)。另一方面,熟悉当地的地理位置、地理条件、地貌、地形特点等自然环境要素,通过速写的现场记录,能够循序渐进地了解丰富悠久的中国传统建筑文化,包括生活方式内容与建筑形制的传承关系,身临其境、设身处地的感受本原建筑及乡土建筑地域性的建筑文化精髓。这是对传统文化的进一步认识,是对文化认识能力专业性培养,是专业综合素质在实践当中的重要体现。在传统建筑逐渐消失的今天,其浓浓的文化氛围,依然强烈的围绕着我们,像阳光一样沐浴着心灵,荡涤着人的情操,它能够勾起现代人对故乡的集体记忆和乡愁情愫,尤其在城市发展逐渐失去特色的现代化环境中,信息、科技、文化等各因素急剧的转变与消失,传统文化及其建筑更需要加倍的去关怀与呵护(图4.34、图4.35)。

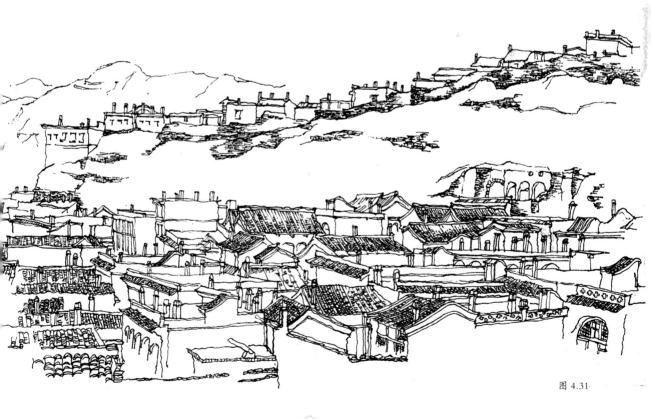

图4.31

图 4.32

图 4.33

图 4.34

图 4.32 贵州西江苗寨（资料来源：曹梦迪绘）
图 4.33 陕北榆林窑洞四合院（资料来源：海继平摄）
图 4.34 陕北米脂窑洞四合院（资料来源：海继平摄）
图 4.35 陕北米脂窑洞四合院（资料来源：海继平摄）

图 4.35

现场的走访调查研究，实地考察，以专业的角度从传统村镇聚落中挖掘大量传统本原人文资源、当地民风民俗等建筑以外的信息，成为创作设计需要的文化素材，是最可靠的第一手信息资料（图4.36、图4.37）。通过这样的实体体验，运用逆向学习及思维方法，去挖掘大量的人文信息，丰富自己的文化积累及内涵修养，在实践中逐渐提升专业创作过程中的思维训练及精神需求，不断创作出优质优良的专业作品。只有完整地了解并概括出传统建筑的地域特色、人居环境的分布特点、聚落居住的选址和聚落形态特征，才能够真正掌握其文化精髓与传承脉络，因为传统文化是根本，是源泉，当掌握了传统，面临新的建筑环境空间才能够有创新意识，无论信息如何发达、技术如何进步，新的结构、材料以及工艺如何变幻，在创作设计中都能够得心应手、游刃有余的发挥与利用（图4.38、图4.39）。

图4.36 陕西青木川（资料来源：海继平绘）
图4.37 陕西青木川（资料来源：海继平绘）

图4.36

图 4.37

图 4.38

图 4.39

图 4.40

3. 文化积淀是专业设计的源泉

　　由于当今中国的社会经济和文化发展的诸多因素，照搬西方设计形式的现象比较普遍，文化缺乏自信，缺乏对传统的正确认知与了解，多方面因素使得对传统建筑、地域建筑的挖掘还处在初级阶段。然而，传统文化及建筑的精髓是专业创作设计取之不完、用之不竭的源泉，它是专业设计最直接、最有价值的借鉴素材，是专业设计实践中最直接的人文资料及理论依据，通过速写写生，对传统建筑的研究能够亲身感受本原文化，汲取有用的养分，以基础教学为起点，逐渐从写生实践中培养具有民族性、本土文化自主性与综合性专业人才。关注本原文化是专业创作实践的特色，建筑与环境速写实践是研究与学习建筑本原文化的重要途径，更加加深了对传统文化的认知与记忆，间接的起到一定的传播作用，对于保护、继承、发扬这些优秀的本原建筑非常有意义（图4.40、图4.41）。

　　速写写生的过程是对传统建筑文化的了解及学习，这个过程毋庸置疑，因为这里面信息量之大、丰富饱满程度会随着时间的延续而越发彰显其价值与魅力，其多元性及知识涵盖面正是在设计实践中最有力的知识储备及创作的源泉，例如，传统的封建宗法礼制、家庭等级观念、男尊女卑的伦理观、内外有别的封建秩序等，有灵魂、有血肉，而不只是空空的一栋建筑的躯壳。通过大量的信息，多角度、多侧面地去了解中国建筑传统文化，趣味无穷。现场亲身感受和体察当地人的居住特点、生活方式与习惯、地域风情及民族习俗，这种实践活动对今后的设计实践考察、现场踏勘很有帮助。对大量现场因素的提取，经过整理，当这些因素融

图4.38 陕北米脂窑洞四合院（资料来源：海继平摄）
图4.39 云南香格里拉村寨（资料来源：海继平摄）
图4.40 陕北姜氏庄园（资料来源：海继平摄）

入到作品之中，会使其更加的贴切而具有极强的支撑力，这些人文信息的积累与储存，将成为在设计实践中最深厚的文化依据和知识积淀。设计是循序渐进、逐步的积累过程，要潜心地去寻找设计与生活之间的联系，让生活中的民俗民情、观念形态和审美情趣在设计中发挥自己的长处与优势。只有不断的积累，努力地提高，才会有创新，而不仅仅将素材与信息进行简单包装与拼凑（图4.42、图4.43）。

图4.41 陕西三原周家大院（资料来源：海继平绘）
图4.42 陕北米脂窑洞民居（资料来源：海继平摄）
图4.43 陕北米脂（资料来源：海继平摄）

图4.42

图4.43

在写生的过程当中，大量传统文化素材与现实信息储存在感知当中，这些信息是鲜活的生动的素材，相对于从书本或网络的信息更加真实与可靠，并具有真实性与说服力。通过建筑与环境速写写生的现场观察与认知，传统建筑构造的做法印象深刻了，中国本土建筑的特征初步熟悉，对于材料构件及其功能有了一定的认识，将在以后的设计实践中对未来建筑与传统建筑之间的比较当中，更加成熟地对待传统文化及传统建筑。通过速写的练习及基础专业课的学习，打开了专业视野，并为后续专业设计实践打下了丰富的扎实的基础，初步为实际现场观摩及文化初探奠定了一定的思维意识与知识积累（图4.44、图4.45）。

从写生的资源特色角度来看，传统文化的教学特色理念值得推崇，在诸多的教学活动之中，良好的教学方法是对传统建筑的实践活动，保护、继承和发扬优秀的生态建筑，传承传统文化，探索符合时代要求、有特色的古建筑文化，这种教学活动是非常必要的，因为它能够使教学理念先进、方法科学、质量高、效果好，扎扎实实地学习和继承传统文化的一种有效途径（图4.46、图4.47）。

图4.44

图 4.45

图 4.46

图 4.44
陕北米脂
（资料来源：海继平摄）
图 4.45
陕北榆林民居
（资料来源：海继平摄）
图 4.46
陕北米脂写生实践
（资料来源：华娜摄）
图 4.47
现场写生情景
（资料来源：陈晓育摄）

图 4.47

第五部分
写生
与
应用

SKETCH
AND
APPLICATION

一、速写部分欣赏

谭咏歌

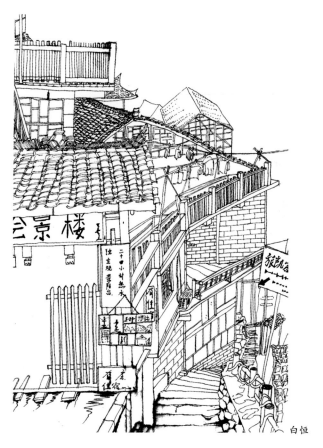

曹梦迪

曹梦迪

曹梦迪

曹梦迪

沈阅文

曹玉春

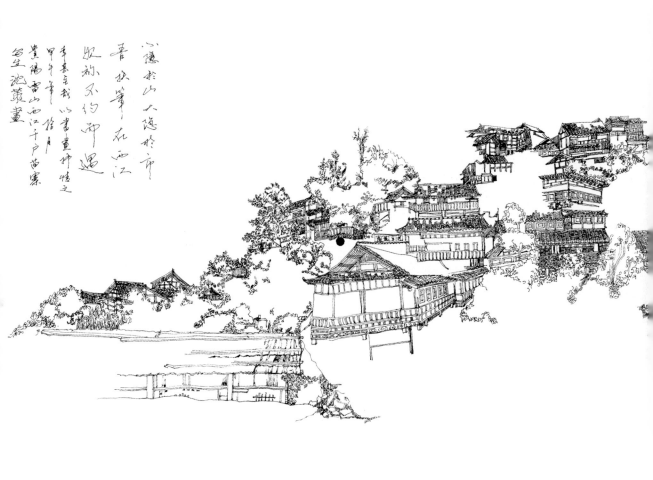

沈策

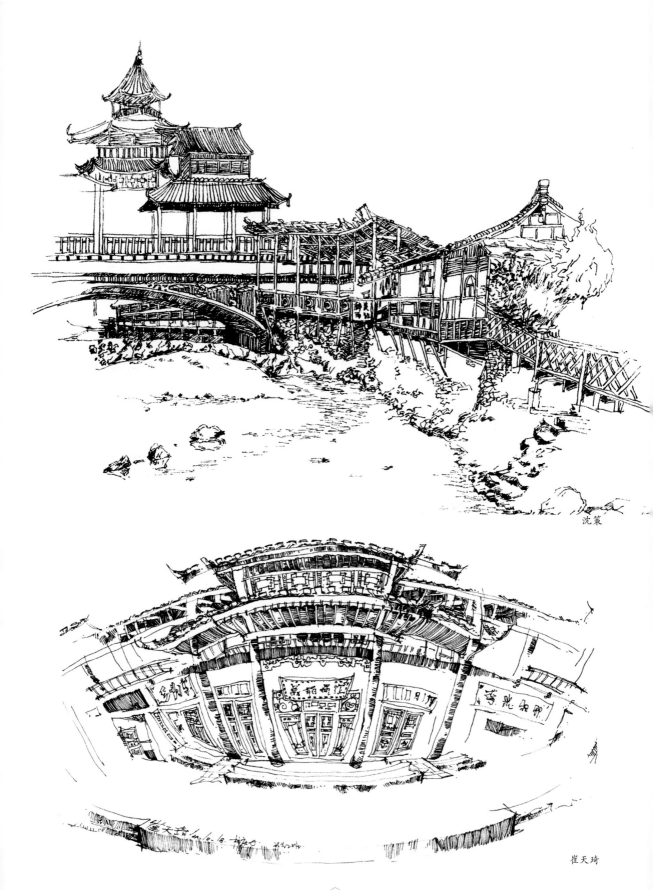

崔天琦

李盼　杨柳

王宇昊

杜沁容

顾均娟

顾均娟

二零一四年十月十五日
写生于西江千户苗寨
顾均娟

顾均娟

顾均娟

黄阿博

李金铭

刘丹

刘丹

刘姝瑶

史圣霆

林茂群

林茂群

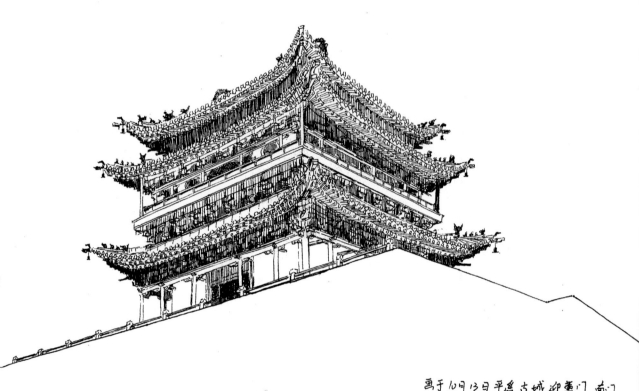

刘璐

宫旭飞

刘维飞

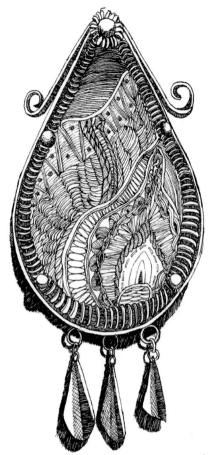

马瑶

马瑶

马瑶

宁达超

宁达超

蜡染

贵州少数民族传统的印染工艺。用铜片制成的蜡刀蘸着融化的蜂蜡，在白色或浅色布、丝绸上描绘花纹图案，然后放入蓝靛或其它颜色的植物染缸内浸染，最后煮漂去蜡，成为蓝底白花或五彩斑斓的工艺品。

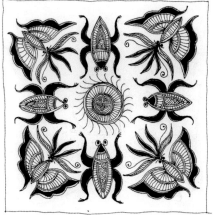

曲琛琛

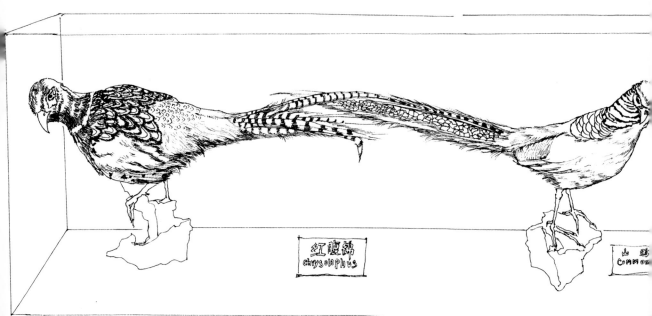

曲琛琛

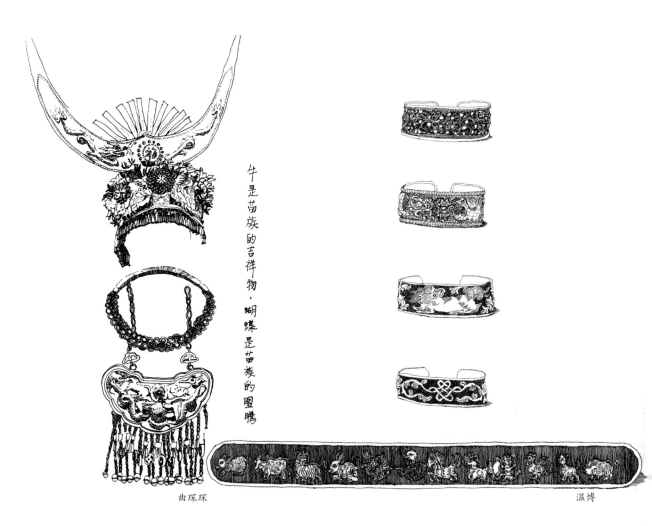

牛是苗族的吉祥物，蝴蝶是苗族的图腾

曲琛琛　　　　　　　　温博

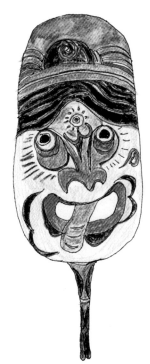

曲琛琛

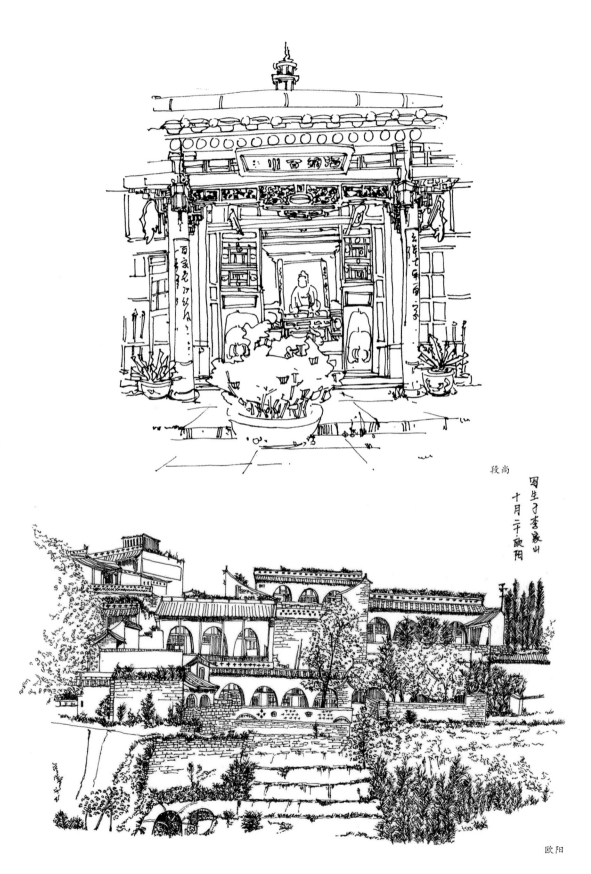

绘于西江千户苗寨
二零一四年 十月十二日　　潘潇

马宇飞

孙逸凡

孙逸凡

宋晓东

宋晓东

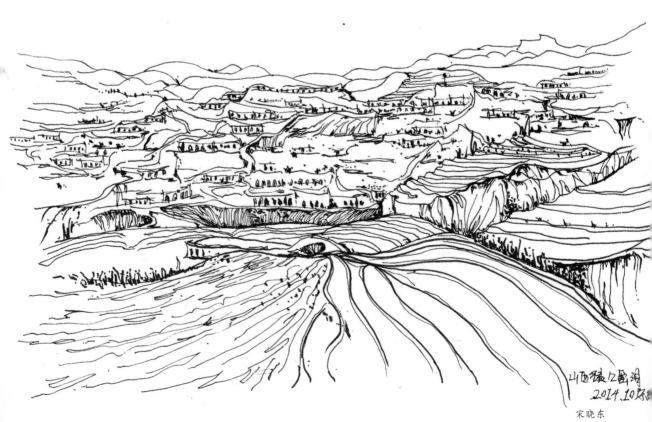

宋晓东

西江千户苗寨:由十余个依山而建的自然村寨相连而成,历史与发展悠长,居村寨。它是领略和认识中国苗族漫长历史与至今仍然鲜明的苗族聚落。

曲琛琛

曲琛琛

谭咏歌

唐静

王兵

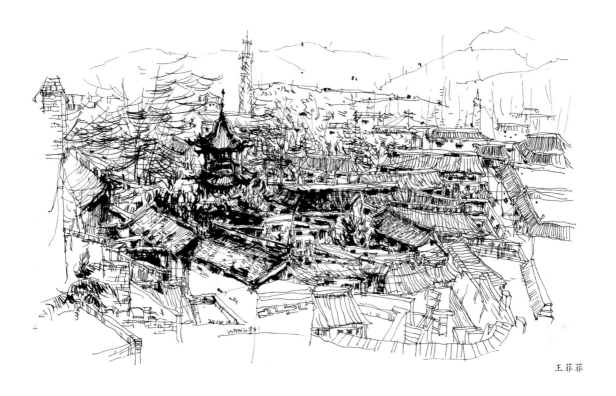

王菲菲

王储爱

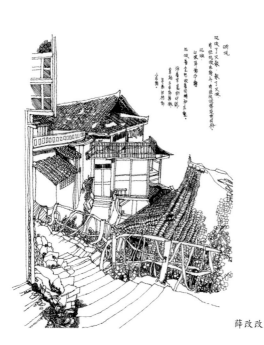

薛改改

薛改改

王涵

王菲菲

常召召

常召召

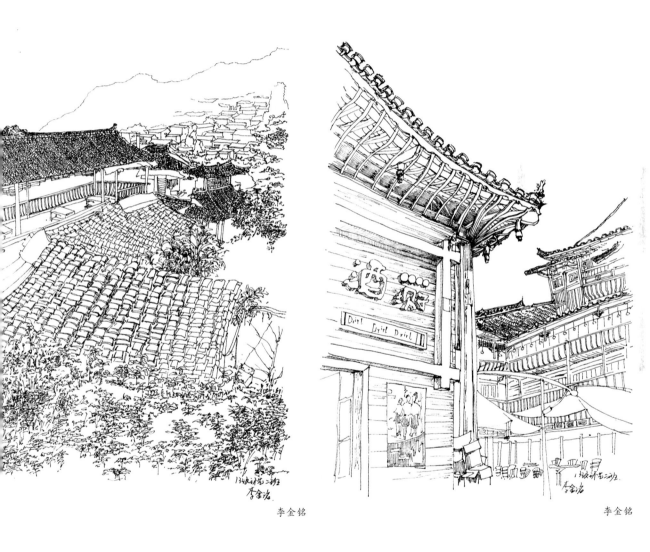

李金铭　　　　　　　　　　　李金铭

夏雨

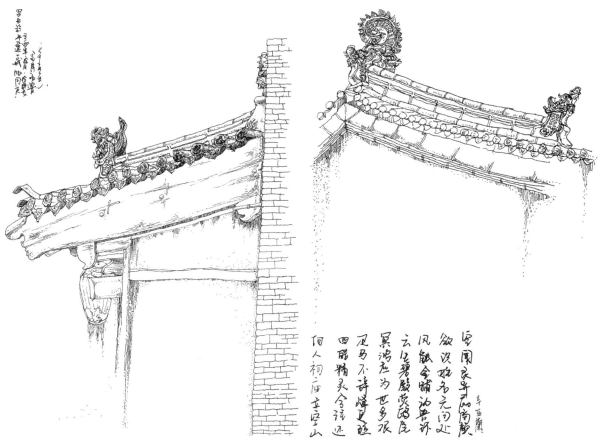

辛亚兰

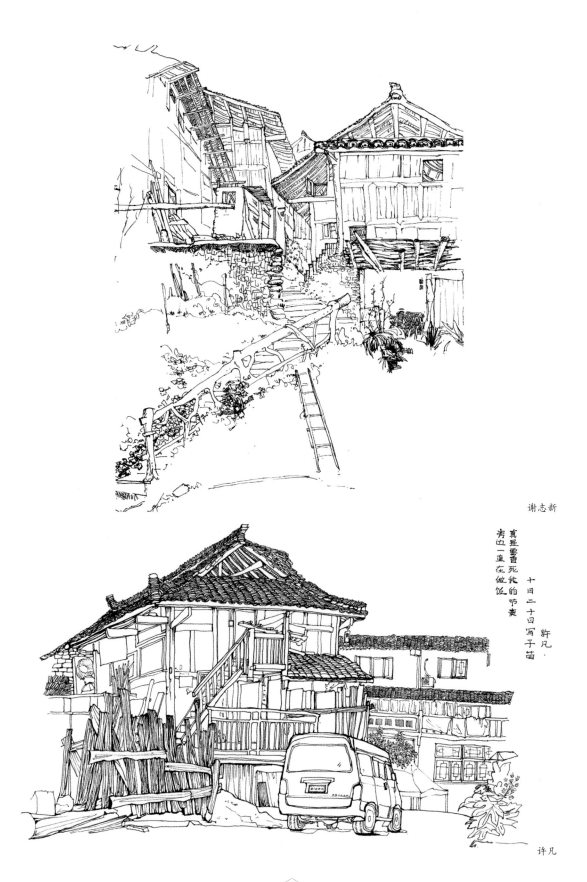

谢志新

真是暑香死线的节奏
旁边一直在做饭

许凡·
十日二十日写于苗

许凡

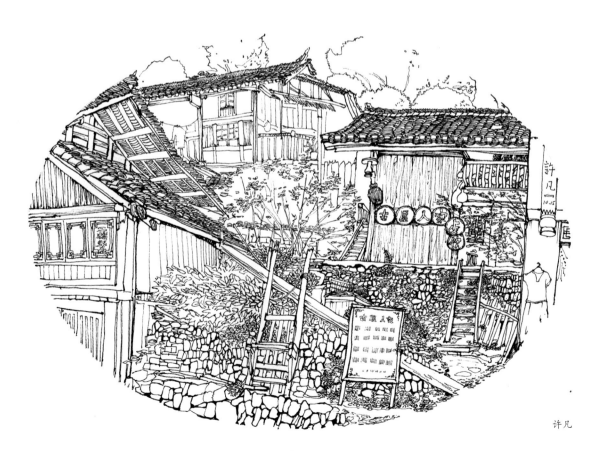

薛改改

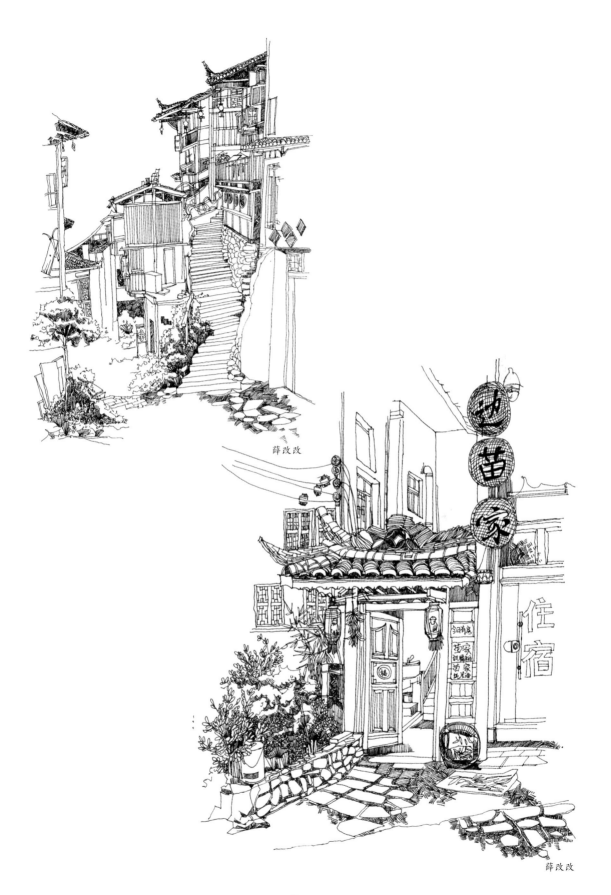

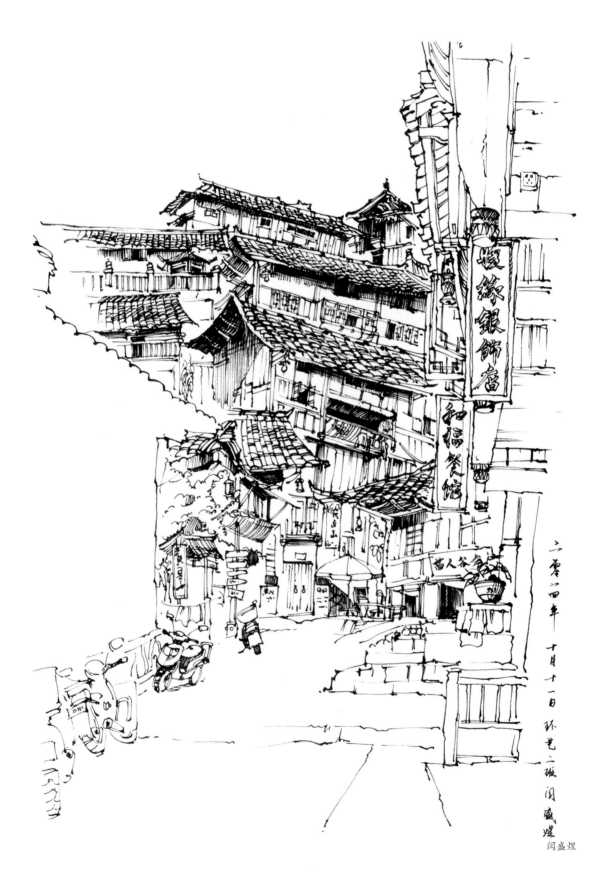

张海潮

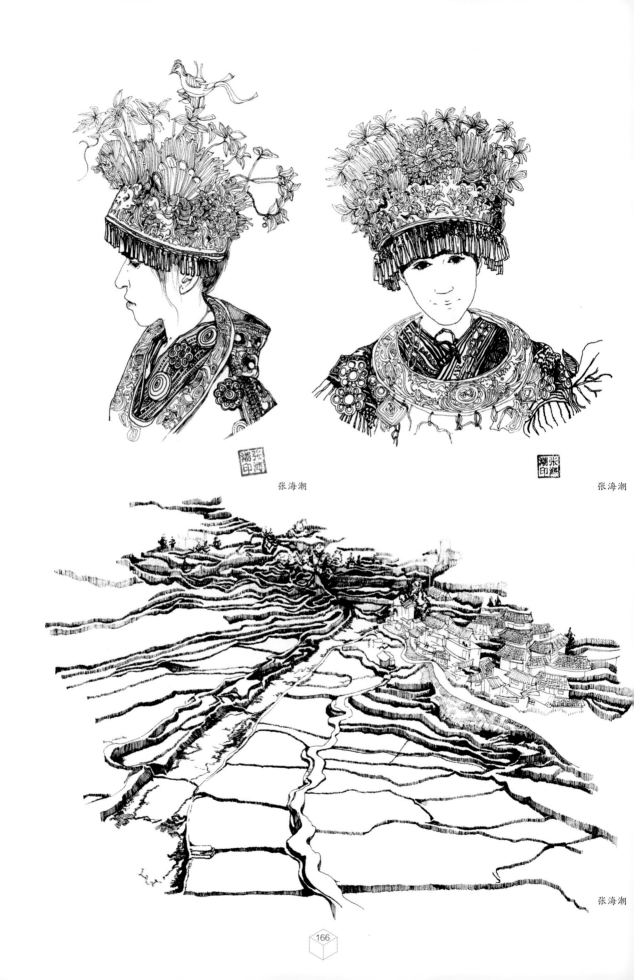

张海潮

张海潮

张海潮

张海潮

二、应用部分欣赏

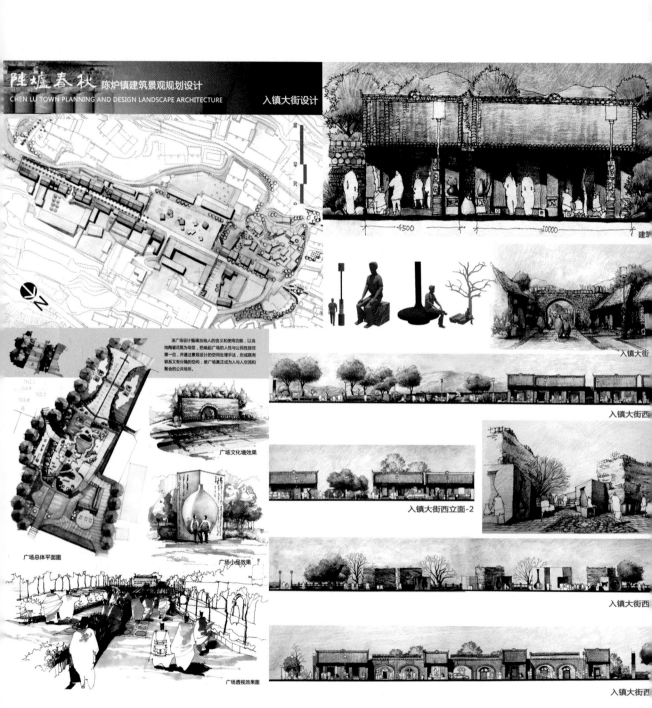

世界·视界
西安纺织城艺术创意园
Artistic creativity and textile city

1、不同性质的流线分流

对于不同性质的流线分流是非常必要的，游人流线从过去的烦乱中梳理出来，指引性强、视野开阔，空间的渗透性强。对于在艺术区工作的艺术家来说，自身与游人的分流能为自己带来更加安静和完整的创作空间。艺术家的创作是创意园的生命力来源，当游人大量涌入园区时，艺术家的工作环境却不能为之改变，不影响其创作环境，这也是保证创意园生命力的体现。

2、分割作用

游人空中廊道贯穿了园区内大部分空间，成网格覆盖的态势。其原型来自于编织纹样的启发，管网在空中对于整个园区的切割，在地面上留出一条条灰色分狭地带，在这条狭长空间内侧，紧靠着它的地方存在着一个门廊，底层铺地、廊道自由界面和支撑廊道架空的支撑架是他的一个组成部分。很显然，这个界面并不是真实存在的，它只是存于概念和想象中，我们可以无视它、忽略它，但却不能吞没它。正是这样的空间界面存在，在物化界面上没有堵塞园区的个功能区，使它们存在联系，但在人的行为意识层面上，划下了各区域明显的界限。

3、观景作用

园区内流线空间狭长，纵向上较为闭塞，没有能够登高的平台或建筑物。由于园区地形和周后期规划演变较为无序，身在其中容易产生迷茫的感觉，对园区的面貌并不能直观的草握，这种感受同样在很多同类艺术区内都有体会，这样带来的后果是会导致流线的紊乱，方向的迷失，部分功能空间成为人迹罕至的死角。提高观景高度，提炼整理游览流线是空中廊道的又一重要作用。

4、博物馆的延伸部分

空中廊道作为展览馆向整个园区延伸的部分，担负着展览馆的展出功能，这样可以让艺术家广大的园区中寻找最适合艺术品展览的环境和位置进行陈设，这样做到了相对传统展览馆的场所性环境，是艺术品在环境中互动，让艺术品具有更加丰富和淳厚的视觉基础。

公园绿化率的增加，将给居民和艺术家带来简单而有效的影响。园区的自然风能够帮助人们原理日常的生活尘器。残疾人和老年人也能进行享受其间的植物和野趣。这里的自然简略能够激发人们对于污染和可持续性的关注。园以非常简单的方式圆归了当地的自然生物，能与人互动，同时吸引人们前往。园区内设有假植区，集中培育重点保护或容易受损的植物，假植区的中心花房是原有建筑改造而成的，不凡满足了温室的功能，而且达到了保护建筑的目的。相比传统的公园模式，本园区的显著优势在于掉维护简单经济。园区为当地居民、艺术家和游客提供了一个安静的庇护，是独一无二的。设计强调艺术创意园的竞争优势，是该区成为吸引人的理想绿色场所。特别是其经济的可持续城市景观设计，和将给城市发展带来的利益，简称为西安乃至全国的一个成功的典范。

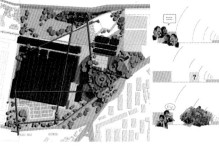

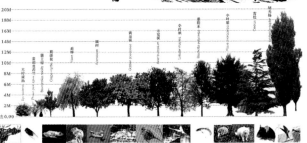

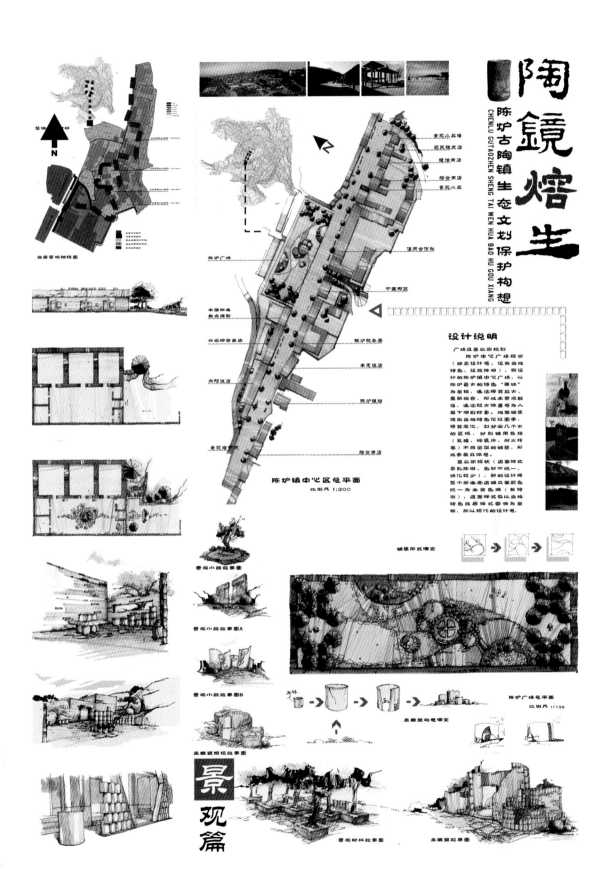

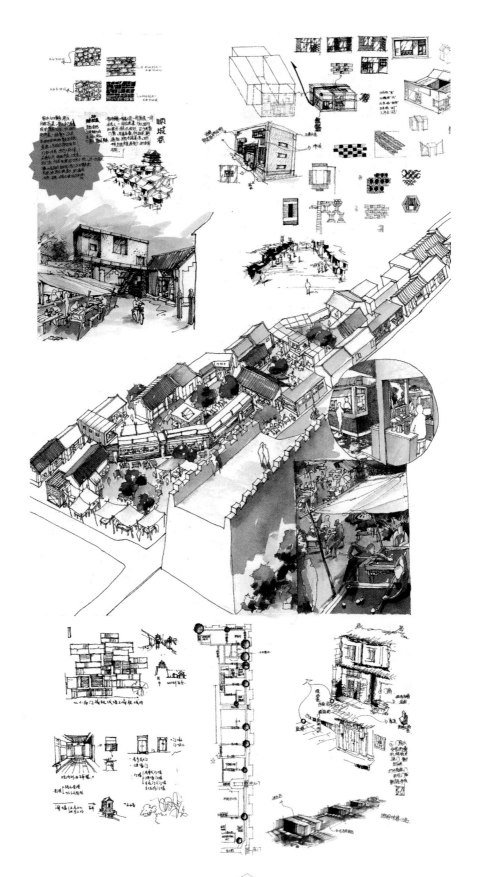

后 记

海继平
副教授
西安美术学院 建筑环境艺术系
风景园林教研室主任
硕士生导师
1989-2009 中国室内设计二十年（中国建筑学会室内设计分会）优秀设计师
2008 年赴法国访问学者（国家留学基金《西部项目》）
2010 年留学于法国巴黎国立高等美术学院

　　以前，看到别人画的一手好的速写总是很羡慕，便对其整个人都有了好的感觉，觉得人也很酷，很有才气。后来，看到许多大师的速写或草图手稿，更是有仰慕之情，似乎帅气的速写或草图便是大师的象征，一直以来把草图与大师画上了等号。

　　缘于多年的这种情结，一次次下定决心，要把速写画好，慢慢便开始了练习。以钢笔作画，开始是不习惯的，想要表达的场景，很难画到一起，经常性的表达失败。一次偶然的机会下乡写生，带上一小本子，自己坐在山头，作起画来。刚开始的画法似乎有些笨拙，老老实实地进行着，然而有一天，画了一张较为满意的作品，有一种收获的喜悦，从那以后便增强了信心，只要外出，便带上本子，如是就这样坚持了下来。坚持下来便成为一种习惯，无论在何时、何地都可以画，长期的画画，经过大量的积累，变成自己生活必不可少的一项活动内容。

　　作为设计者，我很喜欢这样的行为与这样的表达习惯；作为教师，更觉得这是一种修身养性的良好状态，希望自己能够长期的坚持下来。每个人都有自己对生活的一种表达或静心的一种方式，我喜欢上了拿速写本画画，表达自己想要表现的东西。每一次建筑与环境速写写生，和学生们一起作画，这种心情是愉悦的，更觉得是一种享受。刚去的学生可能不全是这样，他们或许更觉得是一种任务，作为作业要"上交"，负担重重。对于他们来说，开始的几天是很难受的，其实这对于每个人都是一样，熟练后便成为一种习惯。每个人洞察世界的眼光是不一样的，学生一个个那种新鲜的、好奇的态度观察着万事万物，他们所表现出来的画面有别样的生动。伴随着浓浓的兴趣，灼灼的心情表达着自己想要表达的东西。

　　不知他们是否像我一样，会越来越喜欢以钢笔进行速写的作画习惯，真正的喜欢上建筑速写。把它转化成为自己的一种爱好方式，但无论是专业上的需要，还是自己努力地坚持着，如果真的喜欢，就不要放弃。

　　或者只要在写生的旅途中，能够酣畅淋漓地把自己要想表达的东西展现出来，还是那句话，只要自己喜欢就好，爱画就好。

海继平

王 娟

西安美术学院建筑环境艺术系副教授

多年来致力于环境设计艺术理论及专业教学的研究，发表学术论文十多篇，获专业设计大奖数十项。近年参与专业设计教学改革成果较丰硕，参与编著相关成果教材与专著三部，指导学生获奖多项，多次获得教学成果奖。

　　写生总是从第一个清晨开始的。太阳刚把头顶的天照白，山那边还没来得及亮起来，晨光里，学生们背着画夹，提着画凳、画具，聚在一起等待着开始新奇的一天。河道里水气刚退去一半，渔人迎着晨光撒下一网，扑乱了水面，惊醒了岸上假寐的鸭群，打破了水底一夜的宁静。

　　坐在水田边的土陇上画着，就在低头与抬头之间，远山从烟青色转成水绿色，堆在田埂上的麦草垛从不起眼的灰白色变成发亮的熟黄色。田边小路直直地通入更远的山里，时不时会有农人挑着草担子一晃一摆有节奏地走出来。几只年轻的土狗撒着欢儿从半山的农家冲下来，一个个咧着狗嘴，舌头扯在风里，任口水飘飞到身后。

　　天越来越暖和，山后面的天变得湛蓝，像一潭湖水，深不见底。忙完了农活的妇女小跑着回家做饭，各处的烟囱就往外冒烟，烟气在村子上空连成一片，把刚刚油绿的山又染成烟青色。男人们松泛下来，蹴在阳坡里吸烟、扯闲，远远地看着水田道上的我们，让我们也成了这山里的一景儿。

　　正午，周围没了任何动静，只有太阳热烘烘地照着。水田里的秧苗疯长起来，新芽子"叭"的一声，爆裂在阳光里，唤醒了一塘的秧子，声音稠起来连成一片。惹得我们时不时地彼此张望，交换着惊喜。

　　河道里走起风来，芦苇和蒲草被风带着起起落落、忽聚忽散，叫醒了被太阳定在田埂上画画的人。站起来抖掉一身的烘热，下到河滩里拾点凉意，迎着风，把自己铺平拉长，希望能像一片树叶，被风一吹，就忽腾起来，翻卷到半空中，躺在风里舒展一番。心里这样努力了半天，两只脚还是老实地立在河滩地上，风却把头发揉成干草，太阳也已经把河水和我们染成了火色。

　　羊年鸡月我在案头遥记、笔录，写下此文，为《闯南走北》一书做后记一篇。

王娟

屈炳昊　讲师
中国雕塑协会会员
中国当代艺术协会会员
陕西省室内装饰学会会员
2007年10月获得中华人民共和国住房和城乡建设部颁发的全国城市雕塑资格证书证书号：01325
2007年留校任教、2011年7月获得中国科学院计算技术研究所颁发的"景观设计师"，2011年10月~2012年2月赴法国留学考察，2013年毕业于西安美术学院环艺系，获硕士学位，2014年12月考取全国认证室内设计师中级资质。

　　参与本书写作，是一个艰难而又有益的过程。说其艰难，是因平时本人对教学过程进行系统地理论思考还不够，写作中数易其稿，才完成了第三章的写作任务，且至今仍有不太满意的地方；说其有益，是因为通过写作，使我对近几年的教学实践，作了一次必要的回顾和总结，并将之上升到理论层次，进行了较为系统地归纳、整理和阐释。

　　写作中，我有三点体会：

　　1. 进行建筑与环境写生教学，除了重视指导学生目识心记、意测手写，艺术地完成速写任务外，一定要强调对已获素材的科学整理，并对之进行再认识和再开掘，为其今后进行专业设计，做好必要的素材准备。

　　2. 要着眼于提高学生的科学转换能力，将梳理和积累的现成素材转换为有效、准确、内涵丰富的设计素材，为设计创作提供有力的支撑。这是引导学生进行建筑和环境写生的目的所在，也是提高未来设计从业者基本素质的关键所在。在建筑速写教学中，一定要坚持这一指导思想，不断引导学生通过理性思考，创立新的设计创意和设计方案。只有这样，才能培养出一批创新型的设计工作者。

　　3. 必须不断改革建筑与环境写生教学。建筑与环境速写是一门实践性很强的课程，要坚持闯南走北，寻找极具代表性的民居聚落或富有典型元素、人文符号的民居建筑开展写生实践；特别要选择具有较强对比性的教学点，以打开学生的认知空间，丰富他们的人文阅历和速写对象。此外要通过举办展览、开展学术研讨等活动，加强师生交流和校内外交流。有条件的话最好能通过公益活动或项目实践，组织师生共同参与设计，彻底打通封闭教学与社会实践之间的壁垒。

　　我终于完成了本书的写作任务。在我感到慰藉时，我要感谢与我一同编写此书的海继平、王娟、胡月文老师。他们是我的同事，亦是我的老师，没有他们的鼓励和帮助，我很难静下心来完成这一写作任务。同时，我还要感谢吴昊、秦东、袁玉生、李建勇、吴晓冬、翁萌、乔木、方荣等老师，在教学中与我一起分享他们的教学经验，更要感谢周维娜主任对于这门课程的重视以及对于此书出版的鼎力支持。

屈炳昊

胡月文 讲师
2000年本科毕业于西安美术学院设计系
2007年硕士毕业于西安美术学院建筑环境艺术系
2014年博士毕业西安美术学院
2014年进入西安建筑科技大学建筑学博士后流动站进行相关"丝绸之路河西走廊地域建筑"的研究工作

2007年硕士毕业后留校任教至今。中国建筑协会室内设计分会会员、中国室内装饰协会（高级室内设计师）、陕西省土木工程协会会员

个人有幸参与本书的第一章：建筑与环境写生的撰写和第五章作品部分的整理工作。起笔的兴奋言说了多年所蕴含的写生情节，以笔代言是"行走中的建筑"另一种记录的语言方式，记录农耕文化与文明，是介于我们的生活方式最终决定我们的设计思考方式，建立在土地文化基础上的建筑是值得忠实还原与缅怀的实质所在，土地所赋予的本土气质，通过建筑速写表现出一种传统的文化气场，并将这种感受衍化于设计行为中去，是此次参与《闯南走北》一书撰写的根本。

如果本书对读者起到了类似于此的启发或引导作用，撰写者便可私下窃喜聊以自慰多年教学摸爬滚打中，血脉深处所付出有一种称之为倔强的东西。

胡月文

图书在版编目（CIP）数据

"闯南走北"建筑与环境人文考察写生集／海继平等编著．—北京：中国建筑工业出版社，2016.3
（西安美术学院建筑环艺系教学成果丛书．新环境 新意识 新设计）
ISBN 978-7-112-19201-4

Ⅰ.①闯… Ⅱ.①海… Ⅲ.①建筑设计－环境设计－作品集－中国－现代 Ⅳ.①TU-856

中国版本图书馆CIP数据核字（2016）第040029号

责任编辑：唐　旭　吴　佳
责任校对：陈晶晶　张　颖
书籍设计：席佳斌　张琳玉

西安美术学院建筑环艺系教学成果丛书
新环境 新意识 新设计
"闯南走北"建筑与环境人文考察写生集
海继平　王娟　胡月文　屈炳昊　编著
*
中国建筑工业出版社出版、发行（北京西郊百万庄）
各地新华书店、建筑书店经销
北京顺诚彩色印刷有限公司印刷
*

开本：787×1092毫米　1/16　印张：11 1/4　字数：250千字
2016年5月第一版　2016年5月第一次印刷
定价：62.00元
ISBN 978-7-112-19201-4
（28434）

版权所有　翻印必究
如有印装质量问题，可寄本社退换
（邮政编码 100037）